世界油棕资源与品种

曹红星 李 睿 刘小玉 孙程旭 等 编著

中国农业科学技术出版社

图书在版编目（CIP）数据

世界油棕资源与品种 / 曹红星等编著 . -- 北京：中国农业科学技术出版社，2024.11. --ISBN 978-7-5116-7172-1

Ⅰ. S565.902.4

中国国家版本馆 CIP 数据核字第 202450B93N 号

责任编辑　李　娜　朱　绯
责任校对　马广洋
责任印制　姜义伟　王思文

出 版 者	中国农业科学技术出版社
	北京市中关村南大街 12 号　　邮编：100081
电　　话	（010）62111246（编辑室）　（010）82106624（发行部）
	（010）82109709（读者服务部）
网　　址	https:// castp.caas.cn
经 销 者	各地新华书店
印 刷 者	北京捷迅佳彩印刷有限公司
开　　本	148 mm×210 mm　1/32
印　　张	7.625
字　　数	183 千字
版　　次	2024 年 11 月第 1 版　2024 年 11 月第 1 次印刷
定　　价	98.00 元

◀版权所有·侵权必究▶

编写人员

主 编 著 曹红星　李　睿　刘小玉　孙程旭

副主编著 李欣瑜　张健唯　黄媛媛　叶剑秋　邵　媛
　　　　　李　杰

编　　委（按姓氏笔画排序）

叶剑秋（中国热带农业科学院椰子研究所）

付登强（中国热带农业科学院椰子研究所）

刘小玉（中国热带农业科学院椰子研究所）

孙程旭（中国热带农业科学院椰子研究所）

李　杰（中国热带农业科学院椰子研究所）

李　睿（中国热带农业科学院椰子研究所）

李启簧（中国热带农业科学院椰子研究所）

李欣瑜（中国热带农业科学院椰子研究所）

张健唯（中国农业科学院蜜蜂研究所）

邵　媛（中国热带农业科学院环境与植物保护研究所）

周丽霞（中国热带农业科学院椰子研究所）

黄汉驹（昌江黎族自治县现代农业发展服务中心）

黄媛媛（中国热带农业科学院科技信息研究所）

曹红星（中国热带农业科学院椰子研究所）

Jerome Jeyakumar John Martin（中国热带农业科学院椰子研究所）

经费资助：

国家重点研发计划项目"热带木本油料作物新品种培育及高效配套关键技术研究与示范"（2023YFD2200700）

海南省国际科技合作研发项目"油棕生产关键技术在印度尼西亚的示范与推广"（GHYF2024019）

中国热带农业科学院基本科研业务费专项"油棕耐寒性状的分子解析与全基因组选择育种"（1630152023011）

国家特色油料产业技术体系文昌综合试验站（CARS-14-2-31）

国家自然科学基金地区基金项目"油棕GRF4-GIF1共激活子调控体胚发生的分子机制"（32360406）

中国热带农业科学院基本科研业务费专项资金"棕榈科经济作物（椰子、油棕）高产优质抗逆种质创制与新品种选育"（1630152022001）

热带作物生物育种全国重点实验室科研项目"基于核磁共振与热成像的油棕耐寒生理表型精准鉴定评价及无损检测方法探究"（NKLTCB202332）

前 言
Foreword

油棕（*Elaeis guineensis* Jacq.）属棕榈科油棕属多年生单子叶植物，含油率高达50%，是迄今为止产量最高的油料作物，享有"世界油王"之称。其经济寿命为20~30年，自然寿命可达100多年。自20世纪60年代以来，棕榈油产量迅速增加。1970—2023年，世界棕榈油产量增长了约40倍，全球年产量从仅200万吨增加到7 946万吨。棕榈油和棕仁油除了供食用外，还可制造高级人造奶油、肥皂、工业防锈剂及润滑油等；副产品茎叶、果壳、油饼等还可作为原料生产活性炭、洗涤去污剂、化妆品及特种用纸等，用途非常广泛。

油棕种质资源根据其起源和分布，可分为非洲油棕（*E. guineensis*）和美洲油棕（*E. oleifera*）两大资源类型。生产上以非洲油棕为主，根据果实的结构和含油量，非洲油棕分为厚壳种、薄壳种、无壳种和无籽种四类。油棕的分布范围广泛，主要分布于南纬10°至北纬15°地区，包括亚洲东南部、非洲西部和中部、南美洲北部和中部以及大洋洲西南部。目前世界上种植油棕的国家有40多个，其中，亚洲主要分布在马来西亚、印度尼西亚、泰国、印度、缅甸、中国等国；美洲主要分布在哥伦比亚、巴西、哥斯达黎加等国；大洋洲主要分布在巴布亚新几内亚，瓦努阿图、斐济和所罗门群岛也有少量种植；非洲主要分布在尼日利亚、刚果（金）、刚果（布）、贝宁、加纳、喀麦隆、科特迪瓦等国。上述国家中，马来西亚、印度尼西亚、哥斯达黎加和喀麦隆等国的油棕资源较为丰富，优异种质资源类型多，为新品种培育奠定良好基础。

20世纪初，油棕才开始在非洲地区进行商业性栽培，20世纪70年代以前，非洲为主要产区，但品种落后，栽培管理水平相对较低，多处于半野生状态。印度尼西亚和马来西亚于1848年和1870年分别引进油棕作为观赏植物和行道树，直到1911年才开始商业化种植，由于气候条件对油棕生产得天独厚，东南亚油棕产业发展迅速，目前占全球油棕总种植面积的80%，成为世界最大的油棕种植区。美洲油棕种植始于1943年，但整体发展缓慢，近年来，种植面积有所扩大。1926年归国华侨从马来西亚携带油棕种子在海南试种。1941年以后又引种到云南、广东和广西等地试种。1960年以后，在福建、四川和贵州等地进行试种，海南的种植面积达36.05万亩。因品种适应性较差和栽培管理不完善等原因，1990年华南热带作物研究院（现为中国热带农业科学院）对海南油棕种质资源考察表明，海南仅保存油棕种植面积5.5万亩。目前我国的油棕种植以海南为主，在云南、广东、广西也有零星分布。

前　言

根据美国农业部（USDA）数据显示，全球油棕种植面积约4.4亿公顷，2023—2024年度棕榈油的产量、贸易量和消费量分别为7 946万吨、5 071万吨和7 799万吨，分别约占植物油总产量、贸易总量和总消费量的35.6%、56.4%、35.8%，是世界上生产量、消费量和贸易量最大的植物油品。中国是全球棕榈油的主要进口国与消费国之一，对国际棕榈油的依赖性很强。近年来，我国每年棕榈油进口量600万吨左右，约占我国植物油消费量的20%。目前，我国的食用油供给形势非常严峻，自给率约35.5%，低于国际公认的50%安全警戒线。油棕具有可在林地、坡地等不宜种粮地区种植、经济寿命长、油品品质功能突出等特点，不与粮争地，不逾越"耕地红线"，发展油棕产业是缓解和解决我国食用油自给率不足的有效途径之一。同时，油棕还具有抗风、抗旱、抗盐碱、耐瘠薄、树形优美等诸多优良特性，是经济林与生态林兼用树种。促进油棕等木本油料产业的发展，对维护粮油安全和生态安全方面有重要作用。油棕作为一种典型的热带作物，性喜高温多湿的气候，温度是限制油棕分布和产量高低的主要因素。我国海南、云南和广东等热带区冬季低温显著影响着油棕的生长和生殖器官的发育，严重时甚至导致败育减产。由于缺乏耐寒高产品种和技术储备不足，导致油棕种植区域受限，产量较低，一直未能规模化发展，限制了我国油棕产业扩大种植。通过对世界油棕种质资源和品种的分析，为引进适合我国优异资源类型提供信息，以期从引进资源中筛选和培育出产量较高、耐寒较强的新品种，为我国油棕提高产量、种植北移、扩大种植区域和面积提供品种基础。

随着油棕产业和种业的快速发展，亟须培育出大量优良的新品种以满足产业发展需求，为此，中国热带农业科学院椰子研究所结合油棕资源和育种的研究基础，组织科技人员编写了《世界油棕资源与品种》一书，旨在为世界及我国油棕新品种的培育提供适合的种类、特性和利用现状等信息。本书主要内容包括世界油棕资源与品种基本特性、非洲油棕资源与品种、亚洲油棕资源与品种、大洋洲油棕资源与品种、美洲油棕资源与品种、未来发展展望等，便于读者能够较为全面地了解世界油棕资源与品种现状，为发展油棕产业提供参考价值。

本书由曹红星、李睿、刘小玉、孙程旭等编著。第一章由曹红星、孙程旭、付登强编写，第二章由李欣瑜、李启嫚、Jerome Jeyakumar John Martin 编写，第三章由李睿、周丽霞、黄媛媛编写，第四章由刘小玉、邵媛、黄汉驹编写，第五章由刘小玉、叶剑秋、张健唯编写，第六章由孙程旭、李杰编写。全书由曹红星统稿。

本书在编写过程中参考并引用了部分国内外已公开发表的文献资料和在线数据信息，为了全书的统一，编者对有关参考文献和资料中的术语进行了规范化处理，对部分语句进行了审慎调整。在此，向有关作者表示衷心感谢。

尽管编者进行了大量细致的撰写和修改工作，但由于时间仓促、资料不足及编者自身水平的限制，书中难免存在一些疏漏和不足，谨请有关专家、学者及科技人员不吝赐教并提出宝贵意见及建议。

中国热带农业科学院椰子研究所

2024 年 8 月

目 录
Contents

第一章　世界油棕资源与品种基本特性 ······················· 001
　一、油棕简介 ·· 002
　二、世界油棕种质资源和品种分布 ································ 005
　三、世界油棕资源和品种的分类及特性 ························· 008

第二章　非洲的油棕资源和品种 ································· 025
　第一节　尼日利亚 ·· 026
　　一、自然气候 ·· 026
　　二、油棕种植历史 ··· 026
　　三、油棕产业情况 ··· 028
　　四、油棕种质资源鉴定和品种培育 ······························ 033
　第二节　加纳 ··· 035
　　一、自然气候 ·· 035
　　二、油棕种植历史 ··· 036
　　三、油棕产业情况 ··· 036
　　四、油棕种质资源鉴定和品种培育 ······························ 042
　第三节　科特迪瓦 ·· 046
　　一、自然气候 ·· 046
　　二、油棕种植历史 ··· 046
　　三、油棕产业情况 ··· 047
　　四、油棕种质资源鉴定和品种培育 ······························ 053

第四节 喀麦隆 054
一、自然气候 054
二、油棕种植历史 054
三、油棕产业情况 055
四、油棕种质资源鉴定和品种培育 058

第五节 刚果（金） 062
一、自然气候 062
二、油棕种植历史 062
三、油棕产业情况 064
四、油棕种质资源鉴定和品种培育 067

第六节 刚果（布） 070
一、自然气候 070
二、油棕种植历史 071
三、油棕产业情况 071
四、油棕种质资源鉴定和品种培育 074

第七节 乌干达 075
一、自然气候 075
二、油棕种植历史 076
三、油棕产业情况 077
四、油棕种质资源鉴定和品种培育 081

第八节 贝宁 083
一、自然气候 083
二、油棕种植历史 084
三、油棕产业情况 085
四、油棕种质资源鉴定和品种培育 088

第九节　塞拉利昂 ········090
一、自然气候 ········090
二、油棕种植历史 ········090
三、油棕产业情况 ········091
四、油棕种质资源鉴定和品种培育 ········094

第十节　塞内加尔 ········096
一、自然气候 ········096
二、油棕种植历史 ········097
三、油棕产业情况 ········098
四、油棕种质资源鉴定和品种培育 ········101

第三章　亚洲的油棕资源和品种 ········103

第一节　马来西亚 ········104
一、宜植条件 ········104
二、种植历史 ········105
三、油棕产业情况 ········106
四、种质资源鉴定和品种培育 ········110

第二节　印度尼西亚 ········118
一、宜植条件 ········118
二、油棕种植历史 ········118
三、油棕产业情况 ········119
四、油棕种质资源鉴定和品种培育 ········123

第三节　泰国 ········125
一、自然气候 ········125
二、油棕种植历史 ········126
三、油棕产业情况 ········126
四、油棕种质资源鉴定和品种培育 ········130

第四节　印度 ··· 131
　　一、自然气候 ·· 131
　　二、油棕种植历史 ·· 132
　　三、油棕产业情况 ·· 133
　　四、油棕种质资源鉴定和品种培育 ···································· 133

第五节　中国 ··· 135
　　一、自然气候 ·· 135
　　二、种植历史 ·· 136
　　三、油棕产业情况 ·· 136
　　四、种质资源鉴定和品种培育 ··· 140

第六节　缅甸 ··· 143
　　一、自然气候 ·· 143
　　二、油棕种植历史 ·· 144
　　三、油棕产业情况 ·· 145
　　四、油棕种质资源鉴定和品种培育 ···································· 145

第四章　大洋洲的油棕资源和品种 ······································ **147**

第一节　澳大利亚 ··· 148
　　一、自然气候 ·· 148
　　二、油棕种植历史 ·· 148
　　三、油棕产业情况 ·· 149
　　四、油棕种质资源鉴定和品种培育 ···································· 151

第二节　巴布亚新几内亚 ·· 151
　　一、自然气候 ·· 151
　　二、油棕种植历史 ·· 152
　　三、油棕产业情况 ·· 152
　　四、油棕种质资源鉴定和品种培育 ···································· 158

第三节　斐济···160
　　一、自然气候···160
　　二、油棕产业情况···160
　　三、油棕种质资源鉴定和品种培育···························162
第四节　所罗门群岛···162
　　一、自然气候···162
　　二、油棕种植历史···162
　　三、油棕产业情况···163
　　四、油棕种质资源鉴定和品种培育···························166
第五节　瓦努阿图···166
　　一、自然气候···166
　　二、油棕种植历史···167
　　三、油棕产业情况···167
　　四、油棕种质资源鉴定和品种培育···························169

第五章　美洲的油棕资源和品种·····························**171**

第一节　哥斯达黎加···172
　　一、自然气候···172
　　二、油棕种植历史···172
　　三、油棕产业情况···173
　　四、油棕种质资源鉴定和品种培育···························176
第二节　巴西···195
　　一、自然气候···195
　　二、油棕种植历史···196
　　三、油棕产业情况···197
　　四、油棕种质资源鉴定和品种培育···························**202**

第三节　哥伦比亚……204
　　一、自然气候……204
　　二、油棕种植历史……204
　　三、油棕产业情况……205
　　四、油棕种质资源鉴定和品种培育……209
第四节　洪都拉斯……211
　　一、自然气候……211
　　二、油棕种植历史……212
　　三、油棕产业情况……213
　　四、油棕种质资源鉴定和品种培育……217

第六章　未来发展与展望……219
　　一、油棕资源精准评价及重要性状解析……220
　　二、热带木本油料作物育种技术创新与新品种培育……221
　　三、世界油棕资源和品种的分类及特性……008

参考文献……223

第一章

世界油棕资源与品种基本特性

一、油棕简介

油棕（*Elaeis guineensis* Jacq.）属棕榈科油棕属多年生单子叶植物，其经济寿命20～30年，自然寿命可达100多年。种子含油率高达50%，是迄今为止产量最高的油料作物，世界棕榈油平均产量达4.17吨/时，享有"世界油王"之称，是目前世界上生产量、消费量和国际贸易量最大的植物油品种，与大豆油、菜籽油并称为"世界三大植物油"。自1960年代以来，棕榈油产量迅速增加。1970—2020年，世界棕榈油产量增长了约40倍，全球年产量从200万吨增加到约8 000万吨。棕榈油用途非常广泛，除食用外，还可制造高级人造奶油、肥皂、工业防锈剂及润滑油等；副产品茎叶、果壳、油饼等还可作为原料生产活性炭、洗涤去污剂、化妆品及特种用纸等。

油棕是典型的热带多年生作物，喜高温、湿润的气候，以生长在年平均温度24～27 ℃、年降水量2 000～3 000毫米、分布均匀、每天日照5小时以上的地区最为理想。对土壤的适应性较广，且对地形要求不高，丘陵、山地都可以种植，以排水良好、pH值为5左右的冲积土、砂壤土或壤土最为适宜。

油棕俗称油棕榈，属于直立型乔木，须根系，没有明显的主根，由初生根、次生根、三生根和四生根组成（图1-1）。茎直立、不分枝，圆柱状，植株高大，株高一般可达10～20米，甚至更高（图1-2）。叶片羽状全裂，单叶，呈螺旋状着生于茎上，成龄树冠约有40～50片叶，叶长3～5米，每片叶由叶柄、叶轴、小叶（羽片）和刺组成（图1-3）。花雌雄同株，雌雄同序，但其中一个常退化，故通常为雌雄同株异序和混合花序，雄花序由多个指状的穗状花序组成，上面着生密集的花朵，穗轴顶端呈突出的尖头状，苞片长圆形，顶端为刺状小尖头，雌花萼片与花瓣呈卵形或卵状长圆形（图1-4和图1-5）。雌花受精后约6个月果实成熟。成龄油棕树在我国每株每年可产7~15串（在马来西亚等国为20~24串）果穗；果穗呈卵形，长30~50厘米，宽20~35厘米，果穗由果、果柄、小穗柄和刺组成（图1-6和图1-7）。果实形状呈近球型或倒卵型，果实长2~5厘米，果径2~3厘米，果重3~13克不等。果实由外果皮、中果皮、内果皮和核仁组成（图1-8）。种子是果实去除外果皮和中果皮后的坚果，近球形或卵形，由核壳（内果皮）、种皮和核仁组成，核壳上有三个孔，通常只有一个孔为发芽孔（图1-9）。

图1-1 油棕的根
（图片来源：百度文库）

图1-2 油棕的茎

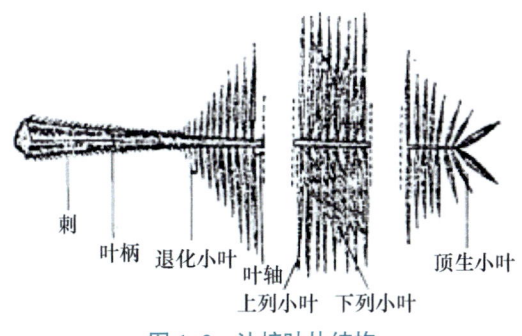

图1-3 油棕叶片结构
（图片来源：百度文库）

图1-4　油棕雌花序

图1-5　油棕雄花序

图1-6　结果的油棕树

图1-7　油棕果穗

图1-8　油棕果实及横切面

图1-9　去除种皮的油棕种子

二、世界油棕种质资源和品种分布

油棕起源于非洲,大约在公元前 3 000 年,是几内亚湾沿岸及刚果盆地热带雨林中的野生植物。Zeven 在尼日尔河三角洲的中新世及更幼的地层中发现的花粉化石,与现今生长的油棕花粉相似,该发现有力地证明了油棕很早就在西非分布。在油棕的历史记载中,1435—1460 年航海家阿尔维塞·卡达莫斯托在几内亚海岸航海首次发现油棕树;Duarte Pacheo Pereira 在 1506—1508 年的航海记录中也曾提到在利比里亚沿海的北部及其外边的一个岛屿有野生油棕林,以及在尼日利亚法卡多斯河附近有棕油贸易。1848 年油棕被引入东南亚,但直到 1917 年才进行第一次商业种植。美洲和大洋洲的油棕种植业起步较晚。尽管早在 20 世纪就以刚果、马来西亚和印度尼西亚为中心开始了油棕的商业化种植,但直到 20 世纪 60 年代才开始大规模种植。到 20 世纪 70 年代初,亚洲取代了非洲成为世界上最大的油棕种植区。

油棕分布范围广泛,自驯化以来,已被引入并种植在整个湿润热带地区(北纬 15°至南纬 10°),目前主要集中种植在南北纬 10°之间的热带雨林及其边缘的热带季雨林区内海拔 300 米以下的低地,但在南北纬 20°之间、海拔 1 500 米以下的地区也有分散种植。目前全世界种植油棕的国家有 44 个,主要分布在亚洲、非洲、美洲和大洋洲,其中亚洲主要分布在马来西亚、印度尼西亚、泰国、印度、缅甸、中国、菲律宾等国;美洲主要分布在哥伦比亚、巴西、哥斯达黎加等国;大洋洲主要分布在巴布亚新几内亚,瓦努阿图、斐济和所罗门群岛也有少量种植;非洲主要分布在尼日利亚、刚果(金)、刚果(布)、贝宁、加纳、喀麦隆、科特迪瓦、几内亚等国。马来西亚、印度尼西亚、尼日利亚的种植面积占世界总面积的 80% 以上,近年来泰国的种植面积也迅速扩大。

中国引种油棕有近百年的历史。1926年归国华侨从马来西亚携带油棕种子回国,在海南的儋县(今儋州市)、琼山、万宁和琼中等地试种。1941年以后又到云南河口、广东雷州半岛和广西北流等地试种,但均未形成规模生产。20世纪50年代中期,我国大量引种油棕(杜拉种,Dura),海南有17个地方种植,如南滨农场、红星农场、南海农场、九曲江公社和华南热带作物研究院(现为中国热带农业科学院)试验农场等,此外,云南西双版纳、思茅、澜沧、德宏等地也有种植。1962年,海南油棕的民营种植面积达1.9万公顷,1965年,海南油棕种植面积约4.3万公顷,年产棕榈油最高约600吨,单产棕榈油150~2 250千克/公顷。20世纪60年代中期至70年代末,由于品种适应性较差和栽培管理水平低等因素的影响,种植面积逐年减少。20世纪80年代,海南油棕植区开始选用良种、扩大新植、集约经营,油棕生产开始了新的发展,面积达到333.3公顷左右。20世纪90年代以后,种植面积急剧下降,仅为零星分布,大部分被用作绿化树种,种植区已被其他作物取代。随着我国对油棕产业的重视和引种试种工作的大力推进,油棕种植面积开始逐步扩大,目前主要在海南、云南、广东、广西等省区种植,以海南为主。

根据FAO(联合国粮食及农业组织)数据显示,在过去的60年里,全球油棕种植面积一直呈现增长趋势。在此期间,全球油棕种植面积增加了8倍,其中印度尼西亚和马来西亚增加最快。从每年增加的种植面积来看,20世纪80年代每年增加约10万公顷,90年代每年增加约20万公顷,从1999年至2003年,全球每年增加的种植面积约为50万公顷。2011年和2012年的全球油棕种植面积分别为1 340万公顷和1 410万公顷,2022年全球油棕种植面积达3 001.7万公顷。其中，印度尼西亚油棕种植面积为 1 495.3 万公顷，马来西亚油棕种植面积为 513.6 万公顷。非洲与东南亚的收获面积有差距，且非洲油棕的种植技术水平较低，而东南亚由于大面积推广高产品种和相配套的栽培技术，产量是非洲的 7~8 倍。2016—2022 年世界油棕主产国收获面积见表 1-1。

表 1-1　2016—2022 年世界油棕主产国收获面积　　单位：万公顷

国家	2016 年	2017 年	2018 年	2019 年	2020 年	2021 年	2022 年
世界	2 352.6	2 708.8	2 781.6	2 821.5	2 858.8	2 961.5	3 001.7
马来西亚	500.1	511.1	518.9	521.7	523.2	514.4	513.6
印度尼西亚	1 120.1	1 404.9	1 432.6	1 445.7	1 462.2	1 462.2	1 495.3
尼日利亚	331.2	354.5	373.5	376.9	388.7	486.2	490.8
泰国	63.2	79.7	85.6	90.6	93.9	96.5	98.4
几内亚	31.6	31.8	32.1	32.2	33.2	33.0	33.0
刚果（金）	28.6	28.6	28.7	30.7	32.5	33.4	34.8
哥伦比亚	31.5	45.5	48.7	50.4	47.8	49.9	48.7
科特迪瓦	31.4	35.5	34.3	39.3	36.8	40.0	40.0
厄瓜多尔	26.4	26.0	22.4	20.1	18.8	15.3	14.1
加纳	34.9	36.1	36.7	33.9	36.5	36.5	36.6
巴布亚新几内亚	19.3	19.6	20.3	20.9	22.1	22.9	23.8
中国	4.9	4.9	5.0	5.0	5.0	5.1	5.1

数据来源：FAO。

目前 Tenera（薄壳种）作为 Dura（厚壳种）× Pisifera（无壳种）的杂交种，是目前生产上主要的商业种植材料。从油棕进行商业化种植以来，油棕单位面积产量和总产量都在不断提高。经 60 多年的品种选育研究，产量已从过去野生状态下的每公顷年产油棕果穗 0.3~2.25 吨提高到现在的 15~30 吨（D×P 杂交种）。以马来西亚为例，20 世纪 40 年代种植的 Dura 品种每公顷年产油棕果穗仅 12 吨，经多代选育 D×P 杂交种后，一些高产品种油棕果穗年产量达 30～45 吨/公顷（产油量 6～9 吨/公顷）。目前生产上推广的品种主要是薄壳型的 Tenera 品种，种植 3 年可结果，经济期为 25 年，每公顷油棕园的平均油棕鲜果串及棕榈油产量分别为 19 吨和 4 吨左右，果穗出油率为 20% 左右。

三、世界油棕资源和品种的分类及特性

（一）按起源和分布分类

油棕种质资源根据其起源和分布，可分为非洲油棕（*E. guineensis*）和美洲油棕（*E. oleifera*）两大资源类型。美洲油棕原产于热带美洲，非饱和油的含量高、茎高增长量少、单性结实量高、对急性萎蔫病和茎腐病有抗性、幼苗能抗维管萎蔫病等多种优良性状，具有重要育种价值，美洲油棕的特性可通过杂交逐渐优化现有育种材料。目前生产上以非洲油棕为主，根据果实的结构和含油量，非洲油棕分为厚壳种、薄壳种、无壳种和无籽种四类，因薄壳种的含油量高，可正常繁育后代，在生产上栽培推广的品种几乎都是薄壳种。栽培种在长期自然和人工选择过程中形成了多样性丰富的种质资源。厚壳种、薄壳种、无壳种和无籽种的主要特征如下（图 1-10）。

厚壳种（Dura）：壳厚、仁大、肉薄。一般核壳厚 2～8.5 毫米，占果实质量的 25%～55%，果穗大而重，含油率低，仅占果重的 13%～19%。

薄壳种（Tenera）：核壳薄。一般核壳厚 0.5～4 毫米，占果实质量的 5%～20%。果肉厚薄不一，约 3～10 毫米，占果实质量的 60%～95%。

果穗比厚壳种小，果穗产量高，其含油率为22%～24%。是现今生产上推广的主要品种。

无壳种（Pisfera）：果实小，无核壳，果肉约占果实重的95%。无栽培价值，但可在育种上用做父本和厚壳种进行杂交产生薄壳种。

无籽种：无核壳，无核仁，整个果实全部为果肉。

厚壳　　　　薄壳　　　　无壳　　　　无籽

图1-10　不同油棕果实类型

美洲油棕和非洲油棕在植株株型、花序、果实、种子等方面均具有一定的差异。美洲油棕树型为匍匐型，非洲油棕树型为直立型（图1-11）；美洲油棕雌花序呈下垂型，非洲油棕雌花序呈包裹型（图1-12）；两者成熟果穗颜色也有较大差异（图1-13）。

美洲油棕（匍匐型）　　　　非洲油棕（直立型）

图1-11　不同油棕种质资源类型的植株株型

（图片来源：第一张美洲油棕来源百度文库）

美洲油棕（下垂型）　　　　非洲油棕（包裹型）

图1-12　不同油棕种质资源类型的雌花序

（图片来源：第一张美洲油棕来源百度文库）

美洲油棕（白果型）　　　　非洲油棕（棕红型）

图1-13　不同油棕种质资源类型的成熟果穗

（图片来源：第一张美洲油棕来源百度文库）

非洲油棕种质资源各类型之间的特征也有一定差异。根据花序雌雄花性别，分为雌花序、雄花序和两性花序（图1-14）；按雌花序的心皮数，可以分为三心皮雌花序、三心皮和四心皮混合雌花序（图1-15）。

雌花序　　　　　　　　雄花序　　　　　　　　两性花序

图1-14　花序的雌雄性

三心皮雌花序　　　　　　三心皮和四心皮混合雌花序

图1-15　花序的心皮数

按不同成熟阶段果实颜色进行分类，可分为黑果和绿果两类（图1-16和图1-17）；成熟果穗也分为黑果型和绿果型（图1-18）；按油棕果穗的外表纵面形状，分为卵圆形、心形和圆形三类（图1-19）；按果穗柄长度，分为短柄、中柄、长柄三类（图1-20）；按油棕果实的外表形状，分为圆形、椭圆形、倒卵形三类（图1-21）；按油棕种子的外表形状，分为圆形和倒卵形两类（图1-22）；根据每个油棕果实含种仁的数量，分为单个、双个和三个（图1-23）；根据果实的发育状况，分为正常果实和畸形果实（图1-24）。

图 1-16　不同成熟阶段的果实（黑果型）

图 1-17　不同成熟阶段的果实（绿果型）

黑果型果穗　　　　　绿果型果穗

图 1-18　成熟果穗类型

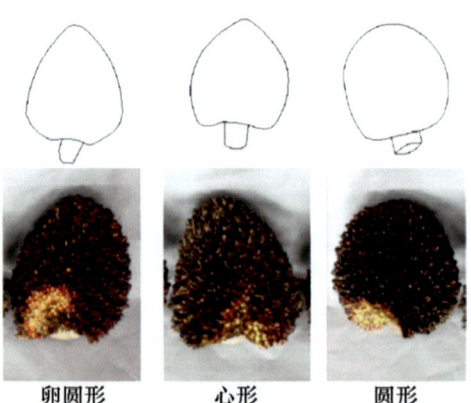

卵圆形　　　　心形　　　　圆形

图 1-19　果穗形状

（图片来源：2012 版马来西亚油棕 DUS 测试指南）

短柄　　　　　　　　中柄　　　　　　　　长柄

图 1-20　果穗柄长度

(图片来源：第三张长柄（2012 版马来西亚油棕 DUS 测试指南）

圆形　　　　　　　椭圆形　　　　　　倒卵形

图 1-21　果实形状

圆形　　　　　　倒卵形

图 1-22　种子形状

单个　　　　　　　双个　　　　　　　三个

图 1-23　种仁数量

正常果

畸形果

图 1-24 正常果实与畸形果实

（图片来源：最下排畸形果（2012 版马来西亚油棕 DUS 测试指南）

（二）按品种分类

油棕种质资源类型按品种分类，可分为高产品种、优质品种、早熟品种、抗逆品种、矮化品种等。

主要高产品种：B40、Calypso、Rex、Pembel、Mega、Super Dura、Super Tenera、Super B40、Super Calypso、Super Rex、Super Pembel、热油 1 号、热油 6 号等品种。

B40 是由马来西亚油棕研究中心（MPOB）培育的杂交品种，来源于 Dura×Pisifera×Dura，薄壳（0.5～1 毫米），含油率高（22%～26%），比 Tenera 具有更高的产量潜力，对油棕枯萎病和灵芝病具有较强的抗性。

Calypso 是由马来西亚油棕研究中心（MPOB）培育的杂交品种，来源于 Dura×Pisifera×Dusky，薄壳（0.5～1 毫米），含油率高

（22%～26%），与 B40 具有相似的产量潜力，对油棕枯萎病和灵芝病具有较强的抗性。

Rex 是由马来西亚油棕研究中心（MPOB）培育的杂交品种，来源于 Dura×Pisifera×Deli dura，薄壳（0.5～1 毫米），含油率高（22%～26%），比 Calypso 和 B40 具有更高的产量潜力，对油棕枯萎病和灵芝病具有较强的抗性。

Pembel 是由马来西亚油棕研究中心（MPOB）培育的杂交品种，来源于 Dura×Pisifera×Nigrescens Dura，薄壳（0.5～1 毫米），含油率高（22%～26%），与 Rex 具有相似的产量潜力，对油棕枯萎病和灵芝病具有较强的抗性。

Mega 是由马来西亚油棕研究中心（MPOB）培育的杂交品种，来源于 Dura×Pisifera×La Me Dura，薄壳（0.5～1 毫米），含油率高（24%～26%），比 Pembel 具有更高的产量潜力，对油棕枯萎病和灵芝病具有较强的抗性。

Super Dura 是由马来西亚油棕研究中心（MPOB）培育的杂交品种，来源于 Dura×Dura，薄壳（0.5～1 毫米），含油率高（22%～24%），比 Dura 具有更高的产量潜力，对油棕枯萎病和灵芝病具有较强的抗性。

Super Tenera 是由马来西亚油棕研究中心（MPOB）培育的杂交品种，来源于 Tenera×Tenera，薄壳（0.5～1 毫米），含油率高（22%～24%），比 Tenera 具有更高的产量潜力，对油棕枯萎病和灵芝病具有较强的抗性。

Super B40 是由马来西亚油棕研究中心（MPOB）培育的杂交品种，来源于 B40×B40，薄壳（0.5～1 毫米），含油率高（22%～24%），比 B40 具有更高的产量潜力，对油棕枯萎病和灵芝病具有较强的抗性。

Super Calypso 是由马来西亚油棕研究中心（MPOB）培育的杂交品种，来源于 Calypso×Calypso，薄壳（0.5～1 毫米），含油率高（22%～24%），比 Calypso 具有更高的产量潜力，对油棕枯萎病和灵芝病具有较强的抗性。

Super Rex 是由马来西亚油棕研究中心（MPOB）培育的杂交品种，来源于 Rex×Rex，薄壳（0.5～1 毫米），含油率高（24%～26%），比 Rex 具有更高的产量潜力，对油棕枯萎病和灵芝病具有较强的抗性。

Super Pembel 是由马来西亚油棕研究中心（MPOB）培育的杂交品种，来源于 Pembel×Pembel，薄壳（0.5～1 毫米），含油率高（24%～26%），比 Pembel 具有更高的产量潜力，对油棕枯萎病和灵芝病具有较强的抗性。

热油 1 号油棕品种是 2012 年 8 月由中国热带农业科学院椰子研究所从马来西亚 Sime Darby 公司引进种子，经 Deli Dura×AVROS Pisifera 杂交选育而成的杂交品种，并于 2023 年 12 月被全国热带作物品种审定委员会审定为油棕新品种，具有高产特性，适合在海南文昌以及相似气候区域推广（图 1-25）。

图 1-25　热油 1 号油棕品种

热油 6 号油棕是由中国热带农业科学院橡胶研究所选育而成，是我国首个年亩产油量超过 200 千克的油棕优良品种，具有早花早果、高产稳产、品质优、抗旱和抗风性较强等优点，适宜在海南及相似气候区域推广种植。

主要优质品种：Kigoma、Pisifera、Tenera、热油 3 号等。

Kigoma 是由 Tanzania × Ekona 杂交育成（图 1-26）。其母本 Tanzania 是从哥斯达黎加维多利亚湖附近的坦桑尼亚高地（海拔 800～1 000 米）的野生种质中选育获得；其父本 Ekona 源自喀麦隆。该品种果穗含油率高，果粒中等（8 克），内核大且外壳非常薄，对干旱和低温具有良好的耐受性，适宜种植在海拔 1 000 米的乌干达、赞比亚和坦桑尼亚的种植园中。比普通品种早熟，并表现出一定程度的芽腐病抗性。

图 1-26 Kigoma 油棕品种

（图片来源：哥斯达黎加 ASD 农业公司 http://www.asd-cr.com）

热油 3 号是中国热带农业科学院椰子研究所选育的优系，由 Bamenda×Ekona 杂交育成，总酚含量高（图 1-27）。种植 10 年后，热油 3 号的总酚含量为 943.85 微克/克，比对照组提高了 48.51%，显著高于所有参试品种，品质较优。适合在海南省文昌市、云南省保山市潞江坝及相似气候区域种植。

图 1-27　热油 3 号油棕品种

主要早熟品种：Spring。

Spring 由 Deli × Nigeria 杂交育成（图 1-28）。Spring 母本 Deli 是从非洲引种至印度尼西亚，后引种至哥斯达黎加；其父本 Nigeria 是来自尼日利亚的野生种质。Spring 油棕的生长速度中等，叶片长度中等，果粒中等（10 克），按照每公顷 143 棵棕榈的常规密度种植。Spring 品种非常早熟，具有一定的抗寒能力，在水肥条件良好的情况下，其鲜果产量可从第三年起超过每公顷 30 吨。

图 1-28　Spring 油棕品种
（图片来源：哥斯达黎加 ASD 农业公司 http://www.asd-cr.com）

主要抗逆品种：Dura、Dusky、热油 2 号、Bamenda、Themba 等品种。

Dura 是一种野生品种，厚壳（2～8 毫米），含油率低（16%～18%），不建议用于商业栽培，但可用于杂交育种的亲本。*Pisum* spp. 对油棕枯萎病和灵芝病具有较强的抗性。

Dusky 是一种杂交选育品种，薄壳（1～2 毫米），含油率 20%～22%，对油棕枯萎病和灵芝病具有较强的抗性。

热油 2 号是中国热带农业科学院椰子研究所选育的优系，由 Oleifera×G Amazon 杂交育成，具有耐低光照、耐寒、耐旱的优良特性（图 1-29）。该品种果粒中等（9～11 克），果串中等（18～22 千克），果实含油率 40.3%，果串含油率 28%～30%，树干年生长量 40～45 厘米，叶片长度 6.6～6.9 米；抗寒性较强，在海南、云南和广西等地的区域试种中未表现出寒害症状，生长状况良好。

图 1-29　热油 2 号油棕品种

Bamenda 是由 Bamenda × Ekona 杂交选育获得（图 1-30），其母本 Bamenda 是从喀麦隆巴门达地区（海拔约 1 200 米）的高原野生材料中选育获得；其父本 Ekona 同样源自喀麦隆，1970 年引进哥斯达黎加。该品种果粒较小（6 克），含油量适中，对低温和干旱具有较好抗性，且对芽腐病、萎蔫病和冠腐病表现出良好的耐受性。

图 1-30　Bamenda 油棕品种

（图片来源：哥斯达黎加 ASD 农业公司 http://www.asd-cr.com）

Themba 是由 Deli × Ghana 杂交获得（图 1-31）。其母本 Deli 是从非洲引种至印度尼西亚苏门答腊岛，1970 年前后由印度尼西亚育种机构引种至哥斯达黎加；其父本 Ghana 来自加纳从尼日利亚的野生种质中选育的杂交群体。Themba 品种生长速度中等，叶片相对较短，果粒大（12 克），产量高。该品种的突出优点是抗性强，在各种种植环境中表现均较好，包括对油棕种植而言年缺水量高达 300 毫米的干旱地区、光照不良的地区和气温相对较低的高地，并对冠腐病和萎蔫病具有抗性。

图 1-31 Themba 油棕品种
（图片来源：哥斯达黎加 ASD 农业公司 http://www.asd-cr.com）

主要矮化品种：AA Hybrida IS、Cross group 131、Supergene 等品种。

AA Hybrida IS 是由马来西亚应用农业资源私人有限公司选育（图 1-32），由 Deli 厚壳种无性系和 Yangambi AVROS 无壳种杂交获得。主要特征为株型矮壮，生长势强，产量较高，具有来自于 Yangambi AVROS 品种的高枝条数量的性状，可以缓冲短时间的温度变化。

图 1-32　AA　Hybrida IS 油棕品种

（图片来源：哥斯达黎加 ASD 农业公司 http://www.asd-cr.com）

Cross group 131 是由 Deli × Aba 杂交育成（图 1-33）。其父本 Aba 源自尼日利亚油棕研究中心选育的优系，后经加纳油棕研究中心继续选育获得。Cross group 131 生长速度相对较低，叶片长度中等，果粒中等（9~11 克），鲜果产量约 22 吨/公顷。具有对干旱和寒冷的抗性，也对萎蔫病具有一定抗性。

图 1-33　Cross group 131 油棕品种

Supergene 是高产的杂交品种，植株矮小，早熟，种植 22～24 个月开始产果，第一年收获产果量达 7～8 吨 / 公顷。

第二章

非洲的油棕资源和品种

第一节 尼日利亚

一、自然气候

尼日利亚位于西非东南部,地处北纬7°~13°,国土面积92万平方千米,地域辽阔,地形复杂,河流众多,尼日尔河及其支流贝努埃河为主要河流。不同地区的气候差异较大,平均气温在7~28℃,相对湿度从沿海向内陆逐步降低,南部地区相对湿度约80%,最北部则不足50%。南部沿海地区属于热带雨林气候,终年湿热,旱季和雨季的变化不明显,年降水量为1778毫米。中部地区则属于热带草原气候,年平均温度较高,年降水量为1270毫米,旱季和雨季的变化较为明显。北部地区则属于热带草原气候,年平均温度略低,年较差和日较差较大,冬季有霜冻,旱季和雨季分明,旱季有时长达7个月,年降水量为508毫米。

尼日利亚油棕主要种植在南部地区,这里是油棕种植的传统区域,气候和土壤等条件适宜油棕生长,其中尼日尔三角洲地区是一个重要的油棕种植区。此外,尼日尔河腹地以及其他许多地区存在大量可供采收的野生油棕。

二、油棕种植历史

尼日利亚的油棕种植历史悠久,自20世纪初以来一直是该国的主要经济作物之一。油棕在当地被称为"非洲的液体黄金",在经济和文化上都占有重要地位。尼日利亚地区的人们长期以来一直在种植油棕树，油棕不仅能够提供油料，还能够提供酒、药物、燃料、木材和茅草等人类生活用品。棕榈油是尼日利亚和欧洲继奴隶贸易之后的第一批国际贸易商品之一。

欧洲人对油棕的需求增加，导致了油棕种植和棕榈油生产的扩张，棕榈油成为了重要的出口商品。20世纪初，世界棕榈油贸易由英属西非（主要是尼日利亚）、比利时刚果（后来的刚果（金）和现在的刚果民主共和国）和远东亚洲国家主导，英属西非国家的出口约占世界棕榈油贸易的2/3，但随着荷属东印度群岛油棕的产量和出口增加，这一比例在第二次世界大战前减少到不超过1/3。随着工业需求的增长，尼日利亚的棕榈油产业经历了机械化生产的尝试。然而，机械化生产并未完全取代传统的手工生产方式。

20世纪中叶，尼日利亚的棕榈油产量显著增长，在20世纪60年代初期，成为世界棕榈油市场的领导者，其产量占世界总产量的43%。但随后的政治动荡和冲突对油棕产业造成了影响，特别是在20世纪60年代和70年代，尼日利亚内战对棕榈油产业造成了严重破坏，使基础设施损毁和油棕种植园荒废，导致尼日利亚棕榈油产量下降，石油逐渐取代棕榈油成为国家的主要出口产品。尼日利亚由棕榈油产品主要出口国变为进口国。

据世界银行数据，1985年尼日利亚棕榈油的产量缺口为每年27.5万吨。2006—2012年，其南部地区的油棕产量和种植面积不断增加，阿夸伊博姆州和伊莫州的产量超过了其他州。目前，尼日利亚棕榈油产量不到全球总产量的2%。

三、油棕产业情况

（一）油棕种植概况

尼日利亚是非洲最大的棕榈油生产国，是世界第四大棕榈油生产国。根据联合国粮食及农业组织（FAO）数据显示，2002年尼日利亚油棕收获面积为318万公顷，占全球油棕收获面积的27.3%；2021年尼日利亚油棕收获面积为486万公顷，占全球油棕收获面积的16.4%。2002—2021年尼日利亚油棕收获面积平均为339万公顷，收获面积总体呈波动趋势，收获面积最小的2013年为300万公顷，收获面积最大的2021年为468万公顷（图2-1）。但尼日利亚油棕的单位面积产量较低，目前约2.6吨/公顷，仍不到世界平均水平。原因是尼日利亚的油棕种植大多数为小农场的栽培模式，大部分与木薯、山药和玉米等粮食作物间作，且管理水平不高。这也导致尼日利亚虽然油棕种植面积大，但生产的棕榈油不能满足本国的消费需求，每年需从东南亚大量进口。马来西亚和印度尼西亚的油棕企业已开始在尼日利亚投资油棕种植，目前还没有中国企业在尼日利亚发展油棕种植业。

图2-1 2002—2021年尼日利亚油棕收获面积

（数据来源：FAO）

2002年尼日利亚的油棕产量为850万吨，2021年油棕产量增加至1 250万吨，增长47.1%，年均增长率为2%。2002—2021年尼日利亚油棕产量平均为881万吨，整体变化趋势与种植面积相同，但变化幅度较小，总产量最小的2011年为800万吨，总产量最大的2021年为1 250万吨（图2-2）。近20年尼日利亚油棕单位面积产量在2.5~2.7吨/公顷（图2-3）。

图2-2　2002—2021年尼日利亚油棕产量
（数据来源：FAO）

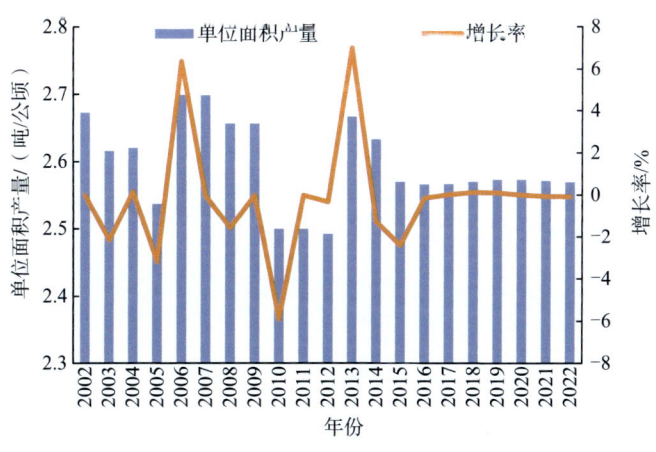

图2-3　2002—2022年尼日利亚油棕单产变化情况
（数据来源：FAO）

（二）棕榈油生产和消费概况

尼日利亚是非洲最大的棕榈油消费国之一，每年需要大量的棕榈油用于烹饪和食品加工。虽然尼日利亚油棕种植面积较大（图2-4），但由于管理粗放，单位面积产量远低于世界平均水平，因此棕榈油的产量仍无法满足本国需求。2002—2021年尼日利亚棕榈油产量平均值为119万吨，其中最大值为2018年的156.5万吨，最小值为2013年的94万吨；棕仁油产量远低于棕榈油产量，2002—2021年棕仁油产量的平均值为14.9万吨，其中最大值为2002年的23.9万吨，最小值为2011年的9.3万吨（图2-5）。2021年，尼日利亚的棕榈油产量达到了135万吨，比2021年的128万吨增长了5.5%。据《商业日报》报道，尼日利亚国内棕榈油消费量平均每年为240万吨。由于尼日利亚对棕榈油的需求很高，该国的棕榈油价格已经上涨，是所有棕榈油生产国中最贵的。

图 2-4　尼日利亚的油棕园

（图片来源：尼日利亚油棕研究所 https://nifor.org/）

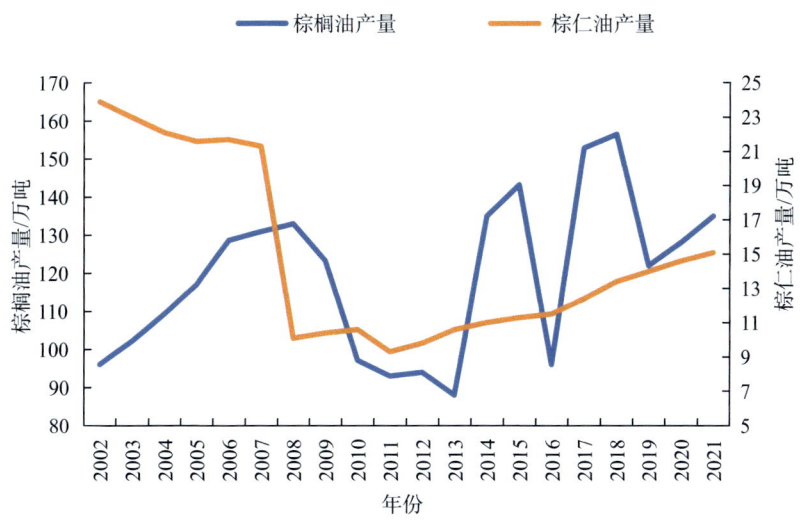

图 2-5　2002—2021 年尼日利亚棕榈油/棕仁油产量

（数据来源：FAO）

（三）产业贸易现状

2002—2021 年尼日利亚棕榈油的进口量均远大于出口量，这说明尼日利亚本国棕榈油产量存在较大缺口。2012 年棕榈油净进口量为 88.03 万吨，2021 年棕榈油净进口量为 32.55 万吨，其中最大值为 2014 年的 159.55 万吨，最小值为 2021 年的 32.55 万吨（图 2-6）。近几年棕榈油净进口量逐渐减少。棕榈油的进出口价格相差较大，2021 年进口价格约为 1 170 美元/吨，而出口价格仅为 830 美元/吨。

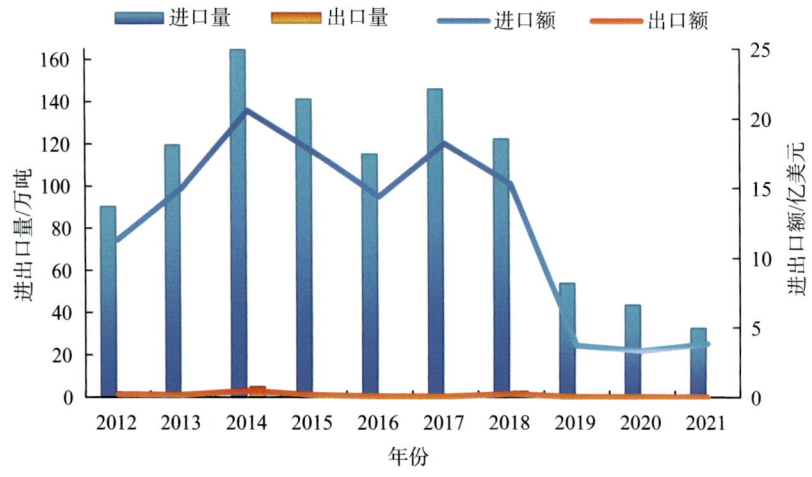

图 2-6　2012—2021 年尼日利亚棕榈油进出口情况
（数据来源：FAO）

2012—2021 年尼日利亚棕仁油的出口量高于进口量，2012 年棕榈油净出口量为 0.07 万吨，2021 年棕榈油净出口量为 1.34 万吨，整体呈上升趋势（图 2-7）。棕仁油的出口价格高于进口价格。尼日利亚棕仁油产业发展较好，棕仁油有多种加工方式，如 RBD（Refined，Bleached，Deodorized）等，市场上有多种棕仁油产品，具有不同的加工风格、形式、切割类型、种植类型和质量等级。中国重机与尼日利亚 LEBRUNI AGRO LTD 公司签署的合同也体现了尼日利亚棕仁油加工产业的发展。中国重机将为尼日利亚提供日处理 500 吨大豆和 300 吨棕榈仁的食用油生产线设计及供货服务，包括预处理、浸出、精炼生产线和压榨生产线等。

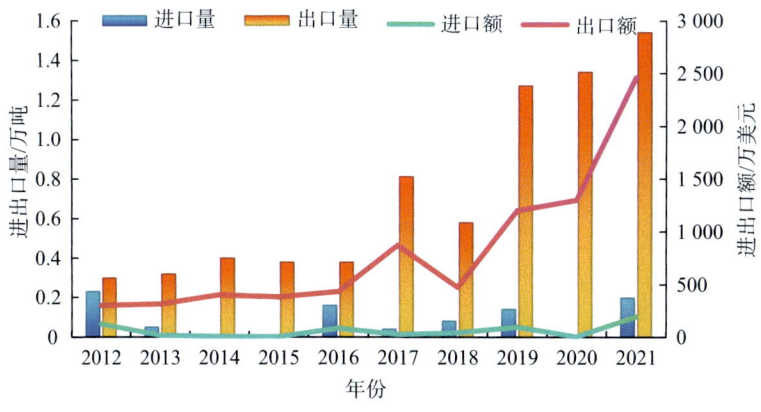

图 2-7　2012—2021 年尼日利亚棕仁油进出口情况

（数据来源：FAO）

四、油棕种质资源鉴定和品种培育

（一）油棕资源的类型和特性

尼日利亚野生油棕资源类型丰富，尤其是耐旱性、抗病性等抗逆性强，能够在干旱和炎热的气候条件下生长（图 2-8），并且适应热带气候。

图 2-8　尼日利亚油棕种质

（图片来源：尼日利亚油棕研究所 https://nifor.org/）

Nigerian dura 是一种尼日利亚本地油棕厚果壳品种，其特点是果壳较厚且坚硬，果仁较大，含油量高。这种品种的油棕树通常具有较强的抗病性和抗逆性，能在干旱和贫瘠的土壤中生长，适合在尼日利亚的多种气候条件下种植。

Nigerian dura 在油棕的杂交育种中作为母本，它与 Deli dura 品种进行杂交，可以生产出高产的油棕后代，在育种研究中占据重要地位。Nigerian dura 品种的油棕不仅在尼日利亚广泛种植，在全球油棕产业中也占有重要地位。随着油棕育种技术的发展，Nigerian dura 品种的遗传背景和抗性特性正在被进一步研究和利用，以培育出高产、优质的油棕新品种。

（二）新品种培育

1. 新品种培育单位和育种水平

尼日利亚油棕研究所（NIFOR）成立于1939年，位于贝宁城，是尼日利亚国家级农业研究机构，主要从事油棕种质资源收集保存、新品种改良、种植技术和产品加工等相关研究。NIFOR 油棕种质资源圃占地面积约50公顷，拥有厚壳种、薄壳种和无壳种的非洲油棕以及美洲油棕等种质。制种园有厚壳种母本约1 000株，无壳种父本约100株，每年可生产杂交种100万粒。NIFOR 的油棕组培技术较成熟，目前组培苗已开花结果，一致性较好，且未见不良变异。此外，NIFOR 还针对小种植园研制小型榨油设备，每小时可处理鲜果串1.5吨。

尼日利亚油棕研究所作为世界主要的油棕研究中心，在非洲乃至国际上都享有重要的国际地位，其成就和声誉源于素质较高的科研人员、完善的实验站基础设施和功能性设施，以及学术和相关研究的传统。

2. 品种特性

（1）Tenera

Tenera 是通过将 Dura 与 Pisifera 杂交得到的品种。Tenera 的特点是果壳较薄，含油量高，是商业种植中非常重要的品种。尼日利亚油棕研究所（NIFOR）选育出高产、早熟、抗病/耐镰刀菌的杂交油棕品种（Tenera 杂交种），该品种每公顷新鲜果串（FFB）产量为 15～20 吨，棕榈油产量为 3～4 吨，而普通品种相比每公顷新鲜果串（FFB）产量为 3～5 吨，棕榈油产量为 0.5 吨，增加了约 5 倍。该品种在种植后 3～4 年可结果，而普通品种的棕榈树则需要 7 年才能结果。尼日利亚的一些种植园已经对该品种进行种植和跟踪记录，并从中继续筛选优异材料用于育种研究。

（2）Calabar

该品种由尼日利亚油棕研究所（NIFOR）育种而成，其后代品质优良，已在哥斯达黎加、加纳、科特迪瓦和马来西亚等国得到广泛种植。

第二节　加纳

一、自然气候

加纳位于非洲西部、几内亚湾北岸，地处北纬 4°～11°，国土面积 23.8 万平方千米。加纳属热带气候，沿海平原和西南部阿散蒂高原属热带雨林气候，沃尔特河谷和北部高原地区属热带草原气候。分雨季和旱季，4—9 月为雨季，11 月至翌年 4 月为旱季。3—4 月气温最高，为23~35℃，最高可达43℃；8—9月较凉爽，为22~27℃，最低气温15℃左右。空气湿度较大，保持在90%左右。各地降水量差别很大，西南部地区平均年降水量2 180毫米，北部地区为1 000毫米。

加纳油棕主要种植在西南部地区，此处有适宜的气候和土壤条件，能够为油棕生长提供足够的温度和水分。

二、油棕种植历史

加纳是油棕的原产地之一，在该地区已有数千年的油棕种植和使用历史。由于和尼日利亚同属原英国在非洲西部殖民地，加纳的油棕种植历史与尼日利亚相似，在20世纪初占据全球棕榈油生产中心地位，而20世纪中叶以后东南亚的油棕种植园崛起，西非的棕榈油产业开始没落。

目前油棕作为经济作物之一在加纳被广泛种植，加纳西部地区的主要油棕生产区实施了关于水和养分管理对油棕产量影响的研究，以提高油棕产量。

三、油棕产业情况

（一）油棕种植概况

加纳是非洲第二大棕榈油生产国，是世界第八大棕榈果生产国。根据联合国粮食及农业组织数据显示，2002年加纳油棕收获面积为18万公顷，仅占全球油棕收获面积的1.5%；2021年加纳油棕收获面积为37万公顷，仅占全球油棕收获面积的1.2%（图2-9）。2002—2021年加纳油棕收获面积平均为33万公顷，总体呈波动趋势,收获面积最小的 2002 年为 18 万公顷,收获面积最大的 2012 年为 39 万公顷。2010 年的统计数据表明,加纳有超过 15 万公顷的野生油棕林(Dura),约 14 万公顷的私人、非组织小型农场,以及约 4 万公顷的小农和外包种植园。目前加纳油棕每公顷产量约 6.9 吨/公顷。

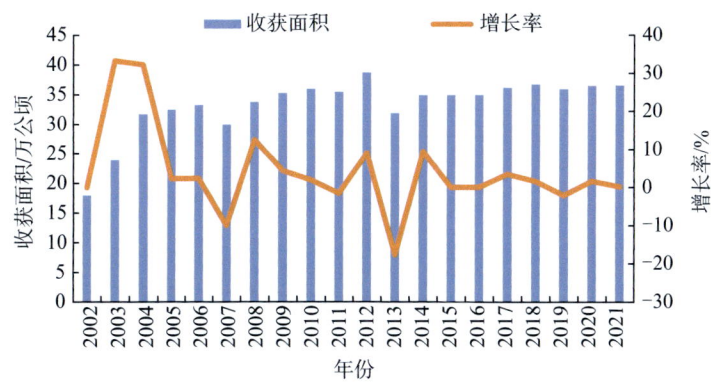

图 2-9 2002—2021 年加纳油棕收获面积
(数据来源:FAO)

2002 年加纳的油棕产量为 110 万吨,截至 2021 年油棕产量增加至 251 万吨,增长 128.1%,年均增长率为 5%。2002—2021 年加纳油棕产量平均为 215 万吨,总体呈上升趋势,总产量最小的 2002 年为 110 万吨,总产量最大的 2018 年为 254 万吨(图 2-10)。近 20 年加纳油棕单位面积产量在 5~8 吨/公顷(图 2-11)。

加纳的大型种植园包括西部地区的 Benso Oil Palm Limited (BOPP)和挪威油棕加纳有限公司(NORPALM)、中部地区的 Twifo Oil Palm Plantation Limited(TOPP)以及东部地区 Kade 附近 Kwae 的加纳油棕开发公司(GOPDC)。

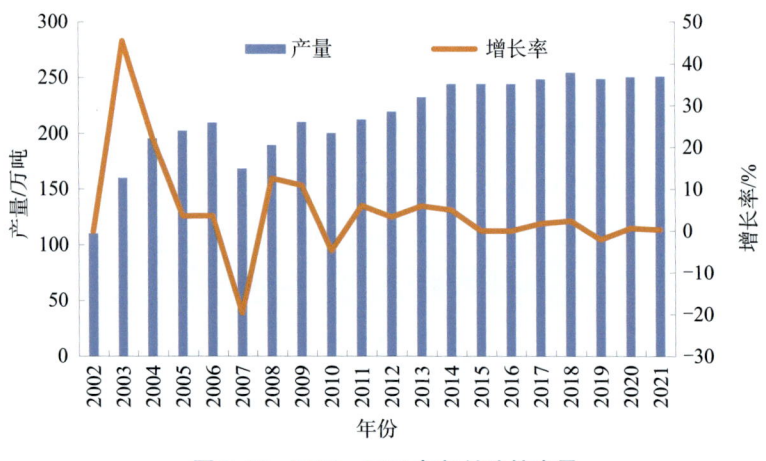

图 2-10　2002—2021 年加纳油棕产量
（数据来源：FAO）

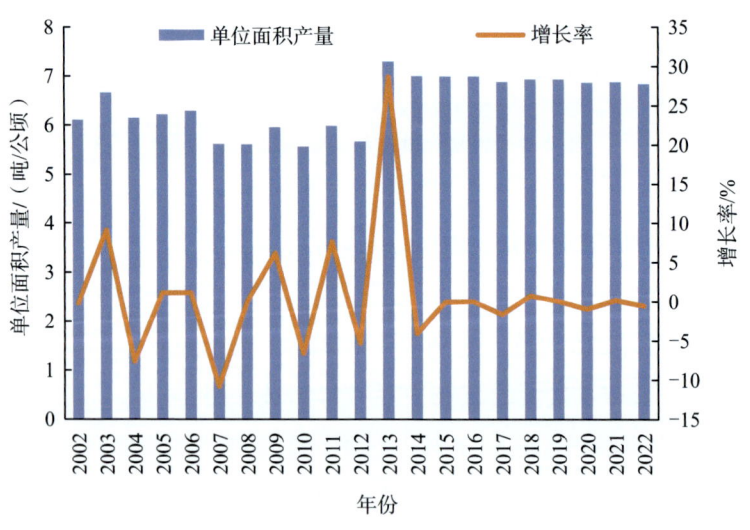

图 2-11　2002—2022 年加纳油棕单产变化情况
（数据来源：FAO）

加纳棕榈油行业主要由小农户主导，约占整个行业的 80%。大型庄园的生产力水平为 10～13 吨/公顷；小农外包农场的产量为 7～10 吨/公顷，私营小规模生产者约为 3 吨/公顷。造成私营小规模农场生产力低下的关键因素包括树龄老、产量低、维护不善、施肥不足等。因此，如果能够提高小农户的生产效率，就能大幅提升加纳的棕榈油生产量。2011年初，加纳成为非洲第一个批准RSPO（可持续棕榈油圆桌倡议）可持续棕榈油原则和标准的国家，目前加纳拥有超过2万公顷的RSPO认证区域。加纳西部的主要油棕生产区正在进行有关水和养分管理对油棕产量影响的研究，旨在提高油棕的产量。加纳东南部的克罗波地区自然生长的油棕较少，为了满足欧洲市场的需求，当地开始系统地种植油棕。通过技术培训、改善基础设施等措施，加纳有望提高棕榈油产量，进一步成为棕榈油净出口国。

（二）棕榈油生产和消费概况

2002—2021年加纳棕榈油产量平均值为17万吨，其中最大值为2018年的31.25万吨，最小值为2002年的10.8万吨；棕仁油产量远低于棕榈油产量，2002—2021年棕仁油产量的平均值为3.8万吨，总体呈上升趋势（图2-12）。

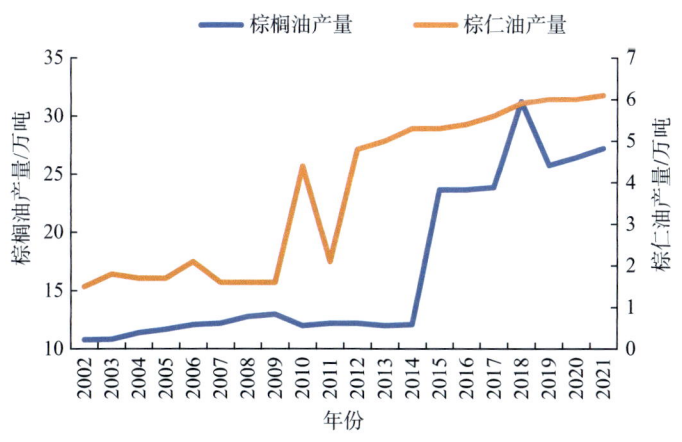

图2-12 2002—2021年加纳棕榈油/棕仁油产量

（数据来源：FAO）

加纳生产的棕榈油质量可按游离脂肪酸含量（FFA）分为三种主要的市场类型。FFA含量5%~12%，占小规模工厂生产的棕榈油的90%以上，由加纳妇女在家中加工，生产出的棕榈油用于食品加工；FFA含量大于12%，由小规模生产商进行商业生产（图2-13），用于制作肥皂，因其价格低廉，布基纳法索和尼日尔的本地肥皂制造商也采购这种级别的棕榈油；FFA含量低于5%，主要由大中型工厂生产，用于生产肥皂、食用油和人造黄油。

图2-13　位于加纳南部的中型手工加工工厂
（图片来源：2022年USDA产业报告）

（三）产业贸易现状

2012—2021年加纳棕榈油的进口量均大于出口量，且进口量逐年增加，这说明加纳本国棕榈油产量存在较大缺口。2012年棕榈油净进口量为6.4万吨，2021年棕榈油净进口量为25万吨，其中最大值为2017年的26.8万吨，最小值为2016年的3.7万吨，棕榈油净进口量总体呈上升趋势（图2-14）。每万吨棕榈油的进口价格大于出口价格，2021年进口价格约为1 130美元/吨，出口价格仅936美元/吨。加纳是棕榈油的净进口国，但向非洲其他国家、美国、英国、荷兰和德国等国有少量产品出口。

图 2-14　2012—2021 年加纳棕榈油进出口情况
（数据来源：FAO）

近年来，加纳棕仁油的出口量大幅降低，但总体而言出口量大于进口量。2012 年棕仁油净出口量为 8.89 万吨，到 2021 年棕仁油净出口量仅为 0.23 万吨（图 2-15）。每万吨棕仁油的出口价格低于进口价格。

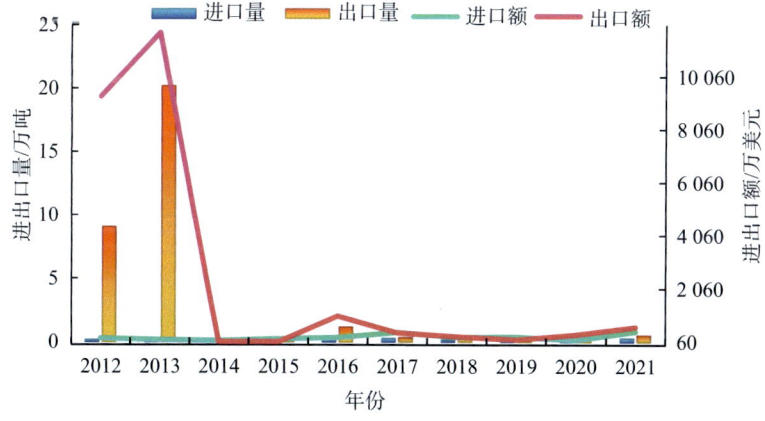

图 2-15　2012—2021 年加纳棕仁油进出口情况
（数据来源：FAO）

四、油棕种质资源鉴定和品种培育

（一）油棕资源的类型和特性

油棕主要生长在加纳的森林地带，主栽品种为 Dura 和 Tenera。Dura 是一种常见的油棕品种，它的果实壳较厚，种子较小；Dura 油棕主要用于种植和育种，以改良其他品种的特性。Tenera 是一种热带油棕品种，通常被认为是油棕的杂交品种，具有较高的油脂含量和较高的产量。Tenera 油棕因其对疾病和虫害的抵抗力较强，通常被用于商业种植。

大部分小农户种植的油棕都是 Dura。Dura 的不饱和脂肪酸含量较高，在营养上优于 Tenera，因此 Dura 棕榈油更适合食用。红色 Tenera 棕榈油中的棕榈酸含量高于红色 Dura 棕榈油（RDPO），而红色 Dura 棕榈油的油酸含量更高；同一品种的红色和黄色油棕果所产生的棕榈油之间存在显著差异。Dura 的平均总脂肪酸中的不饱和脂肪酸含量高于 Tenera。红色 Dura 棕榈油中的游离脂肪酸（FFA）高于红色 Tenera，而黄色 Dura 棕榈油中的 FFA 与黄色 Tenera 中的 FFA 含量基本相等。

（二）新品种培育

1. 新品种培育单位和育种水平

加纳可持续与工程研究理事会加纳油棕研究所（CSIR-OPRI）是加纳专门从事油棕研究的机构。加纳油棕研究所主要进行油棕品种改良和选育工作，以培育适应当地气候和土壤条件的优良品种；开展油棕栽培技术研究，包括肥料施用、病虫害防治、灌溉等方面的技术创新；提供油棕种植者培训和技术支持，以提高油棕种植的效率和产量；开展油棕产品加工技术研究，推动油棕产业的综合利用和价值提升。该研究所致力于开发和推广油棕种植技术，改进油棕品种，提高油棕产量和质量，以及推动油棕产业的可持续发展。

加纳油棕研究所通过对加纳 7 个地区的天然 Dura 油棕种质进行收集，从 27 个地区共收集了 79 份材料，并对 79 份天然 Dura 油棕种质的 18 项农艺性状进行检测，包括叶片面积（LA）、总叶片面积（TLA）、叶面积指数（LAI）、叶片干重（FDW）、叶数量（TF）、叶轴长（RL）、株高（PH）、冠幅平均半径（Ras）、冠幅面积（AS）、果串数（BN）、果穗总重量（TBW）、平均果串重（ABW）、鲜果串（FFB）、单果实重（SFW）、果实占比（F/B）、中果皮占比（M/F）、果壳占比（S/F）和果仁占比（K/F）。检测结果如表 2-1 所示。通过方差分析，发现不同品种在 14 个农艺性状上存在显著性差异，且其中一些性状存在较高的遗传性，如 SFW、LA、BN、TLA 和 FFB。在遗传育种中，高遗传变异系数的性状是品种改良的良好候选性状，它们表现出的遗传变异更容易通过选择传递给后代。加纳油棕研究所的这一研究最终选择了 5 个鲜果串产量高且具有良好遗传特性的材料作为育种材料，以进行下一步优良品种培育和筛选。

表 2-1　79 个天然 Dura 油棕种质资源的 18 个农艺性状的变异性

农艺性状	平均值	最小值	最大值	h^2（遗传方差）	GCV（遗传变异系数）/%	PCV（表型变异系数）/%	GA（遗传力）/%
LA/m²	4.47	1.47	6.13	66.67	10.00	12.25	7.40
TLA/m²	114.23	32.04	159.88	59.29	43.89	56.57	5.77

续表

农艺性状	平均值	最小值	最大值	h^2（遗传方差）	GCV（遗传变异系数）/%	PCV（表型变异系数）/%	GA（遗传力）/%
LAI	0.95	0.24	1.89	62.5	7.61	7.74	11.47
FDW/kg	1.52	0.42	1.73	14.00	3.30	9.03	1.96
TF/片	25.87	23.36	29.96	—	—	35.51	—
RL/cm	3.29	2.38	4.06	34.78	4.90	8.24	2.75
PH/cm	62.14	25.58	115.04	16.00	39.45	98.51	3.58
Ras/m	3.45	2.53	11.37	76.06	15.77	18.08	12.70
AS/m²	37.21	19.36	60.26	39.70	33.88	53.77	5.97
BN/串	7.50	3.72	13.99	30.31	24.86	45.15	9.40
TBW/kg	56.93	3.59	96.14	51.53	68.74	95.76	12.72
ABW/kg	7.59	1.49	13.00	—	—	65.95	—
FFB/kg	8.23	0.41	14.33	46.42	26.08	38.34	11.78
SFW/g	3.64	3.01	10.21	85.27	18.65	20.25	2.87
F/B	48.52	45.78	67.24	—	—	61.42	—
M/F	42.49	28.22	63.74	25.54	33.74	39.18	4.15
S/F	40.29	20.92	58.44	1.73	8.70	18.80	0.50
K/F	17.18	10.32	23.16	13.30	28.42	77.91	0.13

2. 品种特性

CSIR 的油棕计划已有 50 多年的研究经验，并培养了一批研究科学家和技术人员，为加纳和非洲其他地区的油棕苗圃、建立和管理提供咨询和培训。其育种部门为非洲和亚洲远东地区的农民和大型庄园培育了高产杂交油棕品种，每年每公顷产量潜力为 22～26 吨，而当地未改良型品种每年每公顷产量仅为 0.5～1.0 吨。加纳苏门答腊有限公司（GSL）的任务是将 CSIR-OPRI 的改良 Tenera 油棕种子商业化。

Cross Group 131 是加纳油棕研究所培育的新品种,由 Deli×Aba 杂交而得,该品种的父本系(Aba)在尼日利亚(NIFOR)培育,后引入加纳(油棕研究所)并进一步改良。该品种油棕树生长缓慢(<60 厘米/年),12 年树龄时果串质量为 15~18 千克,每年果串数约为 9.2 串,单果重 9~11 克,鲜果产量为 20~22 吨/公顷,果串含油量大于 29%,产油量为 5.0~5.7 吨/公顷,耐旱、抗枯萎病,宜在加纳等地区种植。

不同树龄鲜果串、棕榈油、棕仁油产量情况详见表 2-2。

表 2-2 鲜果串、棕榈油、棕仁油产量情况

树龄(年)	鲜果串产量/(吨/公顷)	棕榈油产量/(吨/公顷)	棕仁油产量/(吨/公顷)
3	1.82	0.47	0.05
4	3.38	0.87	0.09
5	4.16	1.06	0.12
6	7.15	1.83	0.20
7	9.88	2.53	0.28
8	12.22	3.13	0.34
9	15.08	3.86	0.42
10	17.81	4.56	0.50
11	20.54	5.26	0.56
12	22.06	5.65	0.62

数据来源:FAO。

加纳油棕研究所还参与多项与油棕品种培育相关的项目。VITAPALM 项目旨在培育新的油棕品种,这些油棕生产的非精炼原油具有更好的营养品质(低饱和脂肪和高维生素含量)和更高的稳定性(低脂肪酶含量)。油棕突变育种项目是加纳油棕研究所、加纳原

子能委员会（GAEC）和国际原子能机构（IAEA）的合作研究。该研究通过筛选 M1 油棕（由辐照种子生长或由辐照花粉产生的种子）中产生了有用性状的突变体，以获得 M2 油棕以进行评估。

第三节　科特迪瓦

一、自然气候

科特迪瓦位于非洲西部、几内亚湾畔，地处北纬 4°~11°，国土面积 32.2 万平方千米。科特迪瓦地处赤道附近，全年各地日照均衡，年平均温差和日平均温差都比较小，大多数地区年平均温度 26~28℃，2—4 月气温最高，平均 24~32℃；8 月气温最低，平均 22~28℃；月平均温差 5℃左右。北纬 7°以南为热带雨林气候，年平均气温 25℃，相对湿度大；北纬 7°以北为热带草原气候，年平均气温略高于南部。全年分为 4 个季节：4 月至 7 月中旬为大雨季，7 月中旬至 9 月为大旱季，9—11 月为小雨季，12 月至翌年 3 月为小旱季。全国年均降水量约为 1 348 毫米。

科特迪瓦的油棕种植区域广泛，主要集中在南部和东部地区。阿涅贝地区位于科特迪瓦南部，是油棕种植的主要地区之一，拥有大片的油棕种植园；圣佩德罗地区位于科特迪瓦的东部，也是重要的油棕种植区之一，气候和土壤条件非常适合油棕的生长；阿比让及其周边地区也有大片的油棕种植园，具有良好的交通和基础设施条件。

二、油棕种植历史

科特迪瓦的油棕种植历史可以追溯到 19 世纪。当时，法国殖民者引入了油棕树种植，并将其作为一种重要的经济作物引入当地。油棕树在科特迪瓦的气候和土壤条件下生长良好，因此很快便成为了当地重要的农业产品之一。

20 世纪中叶之后，油棕种植业逐渐成为了科特迪瓦的重要产业之一。政府和国际组织如世界银行通过提供资金、技术和管理支持，推动了油棕产业的现代化。科特迪瓦政府实施了旨在提高油棕产量和质量的农业政策，这些政策对国家经济发展产生了积极影响，促进了油棕产量的增加和出口贸易的发展。科特迪瓦的油棕种植业也为当地经济和就业提供了重要支持，成为了国家经济的重要支柱之一。

在过去几十年里，科特迪瓦的油棕种植业经历了快速增长，成为全球最大的油棕生产国之一。科特迪瓦油棕产业的蓬勃发展，对国家经济和农业发展产生了深远的影响。

三、油棕产业情况

（一）油棕种植概况

根据联合国粮食及农业组织数据显示，2002 年科特迪瓦油棕收获面积为 18 万公顷，2021 年科特迪瓦油棕收获面积为 40 万公顷，2002—2021 年科特迪瓦油棕收获面积平均为 27 万公顷，总体呈上升趋势，多数年份的增长率为正值（图 2-16）。目前科特迪瓦油棕每公顷产量约 6.9 吨/公顷。

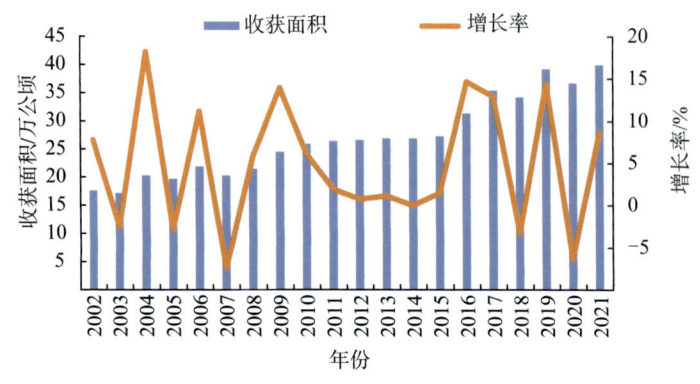

图 2-16 2002—2021 年科特迪瓦油棕收获面积

（数据来源：FAO）

2022 年的一项研究报告表明，科特迪瓦的小农户棕榈油收获面积约为 22 万公顷（占科特瓦迪棕榈油总面积的 73%），大型工业园区面积约为 8 万公顷（占科特瓦迪棕榈油总面积的 27%）。45 000 名小农户的平均农场规模为 3~5 公顷，有的农场面积超过 100 公顷。

2002 年科特迪瓦的油棕产量为 116 万吨，截至 2021 年，油棕产量增加至 276 万吨，增长 137.9%，年均增长率为 4.7%。2002—2021 年科特迪瓦油棕产量平均为 174 万吨，总体呈上升趋势，多数年份的增长率为正值（图 2-17）。近 20 年科特迪瓦油棕单位面积产量在 6~7.2 吨/公顷（图 2-18）。

科特迪瓦长期种植棕榈的传统使得棕榈种植、加工、科研等产业拥有较大的发展潜力，国内及地区市场需求的持续增长和较强的深加工能力反过来也进一步促进了棕榈种植业的发展。然而，科特迪瓦油棕单产低，且产量受季节气候影响严重；加工厂产能过剩，设备利用率较低；投资成本相对较高，导致生产成本高等问题。

第二章 非洲的油棕资源和品种

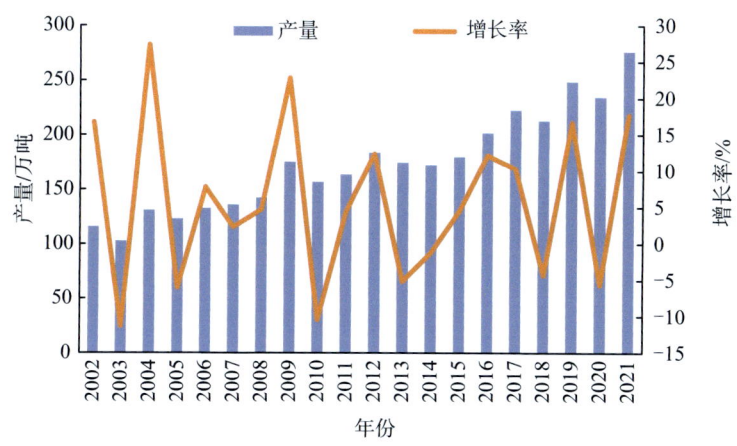

图 2-17 2002—2021 年科特迪瓦油棕产量
（数据来源：FAO）

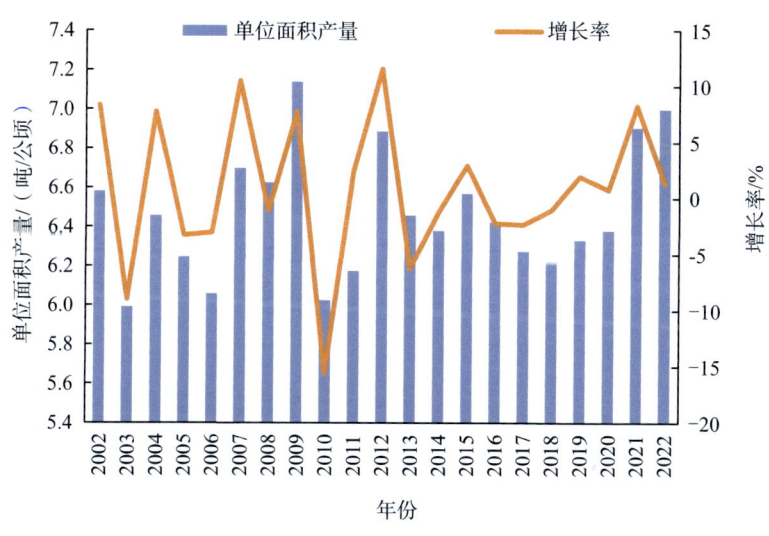

图 2-18 2002—2022 年科特迪瓦油棕单产变化情况
（数据来源：FAO）

（二）棕榈油生产和消费概况

2002—2021 年科特迪瓦棕榈油产量平均值为 38.5 万吨，其中最大值为 2019 年的 52.6 万吨，最小值为 2003 年的 22.6 万吨；棕仁油产量远低于棕榈油产量，2002—2021 年棕仁油产量的平均值为 3.5 万吨，总体呈上升趋势（图 2-19）。

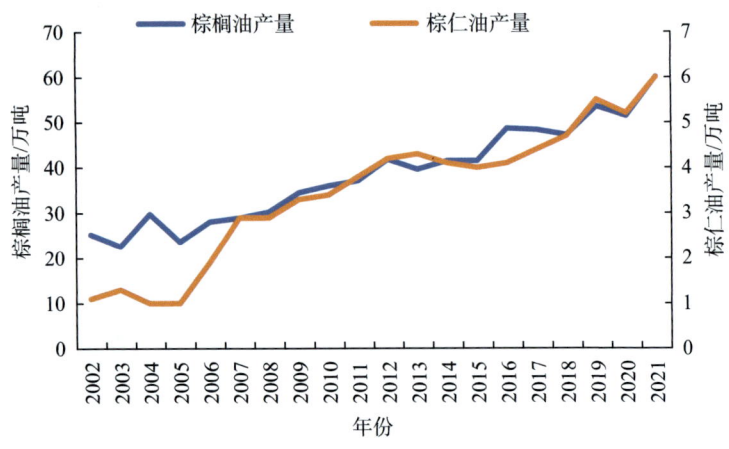

图 2-19　2002—2021 年科特迪瓦棕榈油 / 棕仁油产量
（数据来源：FAO）

科特迪瓦棕榈油产业的本地加工率较高，绝大部分棕榈果在当地进行工业化加工。棕榈油加工分为初级加工和深加工两部分。初级加工是将棕榈果榨成棕榈油，而深加工则进一步将棕榈油加工成食用油、人造奶油和香皂等产品。科特迪瓦的棕榈油生产与出口直接或间接地养活了全国近 10% 的人口，但由于生态技术落后，大部分的油棕种植户都只能以传统的手工方式对油棕果实进行水煮、碾碎和榨取，不仅出油率低，而且极易造成浪费，影响棕榈油质量。因此，科特迪瓦的棕榈油产业急需引进先进的生产技术和机器。

科特迪瓦棕榈工业集团（Palmindustrie）在棕榈初级加工产业中占据主导地位，其旗下3家子公司共拥有14家榨油厂，油棕的日加工能力达到485吨。此外，中国企业投资并承建的棕榈油初级加工厂项目已于2023年7月25日在科特迪瓦吉特里省开工建设，科特迪瓦农业与农村发展部部长代表库利巴利在开工仪式上说，科特迪瓦棕榈油产业发展潜力较大，中国为促进科特迪瓦农业产业化贡献了力量，协助提高了科特迪瓦农产品附加值，希望中方能将更多技术和专业技能传授给当地企业和农民。中国驻科特迪瓦大使馆经商处参赞鲁军表示，科特迪瓦农产品加工厂项目将促进周边经济发展，拉动就业，希望投资方和施工企业高质、高效推进该项目建成投产。2023年是"一带一路"倡议提出10周年，也是中科建交40周年，科特迪瓦农产品加工厂项目是中科深化友谊与合作的象征，也是高质量共建"一带一路"的成果。据了解，棕榈油初级加工厂项目总建筑面积约2.5万平方米，年产能10万吨，主要建设内容为钢结构主厂房、配套钢结构仓库、棕榈油加工生产线设备安装、配套设备厂房及设施等。

目前，科特迪瓦政府正在对棕榈油产业进行可持续的发展规划，主要是在棕榈油精炼过程中产生的废水需要经过科学的处理以减轻对环境的影响，科方积极引进有废水处理经验的企业前往科特迪瓦，与之共同探索棕榈油产业的绿色发展之道。

（三）产业贸易现状

2012—2021 年科特迪瓦棕榈油的出口量均大于进口量，2012 年棕榈油净出口量为 19.7 万吨，2021 年棕榈油净出口量为 28.2 万吨，总体呈上升趋势（图 2-20）。棕榈油的进口价格大于出口价格，2021 年出口价格约为 1 147 美元/吨，进口价格为 1 216 美元/吨，进口价格略高于出口价格。

2012—2021 年科特迪瓦棕仁油的年平均出口量为 1.69 万吨，年均出口额为 1 612 万美元，出口量和出口额总体呈波动趋势，出口量最小值为 2020 年的 1.24 万吨，最大值为 2021 年的 2.23 万吨；出口额最小值为 2020 年的 916 万美元，最大值为 2021 年的 2 885.4 万美元。科特迪瓦棕仁油具体出口情况见图 2-21。

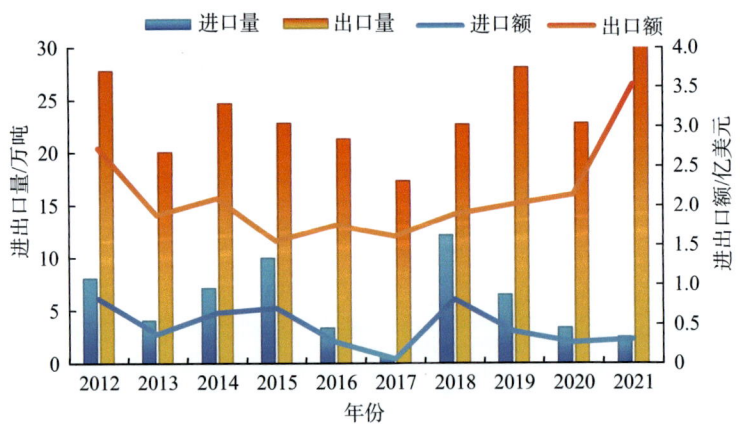

图 2-20　2012—2021 年科特迪瓦棕榈油进出口情况

（数据来源：FAO）

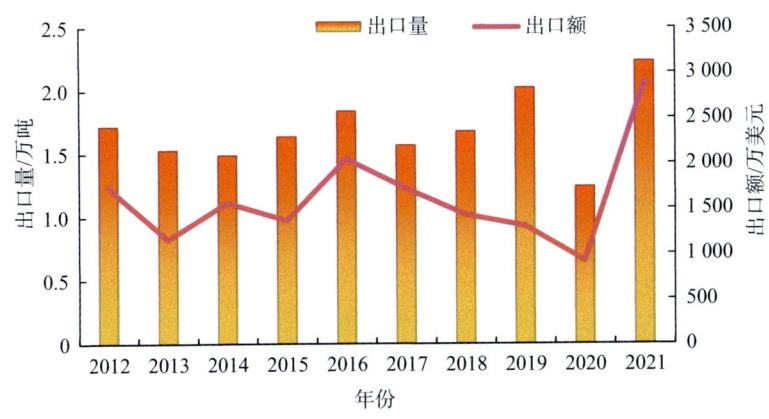

图 2-21　2012—2021 年科特迪瓦棕仁油出口情况

（数据来源：FAO）

四、油棕种质资源鉴定和品种培育

科特迪瓦国家农业研究中心（CNRA）是科特迪瓦的国家级农业研究机构，其研究范围广泛，包括油棕在内的多种作物。CNRA 的主要任务是通过植物、动物和林产品的研究，生产系统、保存和转化方法，以及农村地区技术创新的适应性，以可持续地增加农业和农工业部门的生产和生产力。CNRA 还关注提高产品质量，以满足日益严格的全球市场要求和法规，通过与全球和非洲的研究机构合作，如通过 FARA（非洲农业研究来源）和 CORAF（西非经济货币联盟国家农业研究和发展委员会）等合作伙伴，进行知识交流和联合项目启动。同时，CNRA 也在探索提高产品附加值的方法，例如对棕榈树和油料作物进行技术研究，以提高油料作物的质量，并与具有财务资源的合作伙伴开展合作，建立油料加工厂。

科特迪瓦国家农业研究中心（CNRA）研发了耐枯萎病的油棕新品种，并在其官网售卖。2020 年 CNRA 的工作报告显示，在遗传改良方面，通过分析 308 份资源，筛选出了 4 份高油资源，发现有 2 份资源对镰刀菌具有耐受性。

第四节　喀麦隆

一、自然气候

喀麦隆位于非洲中西部，西南濒几内亚湾，地处北纬 2°～13°，国土面积 47.5 万平方千米。喀麦隆属热带气候，南部属于热带雨林气候，温度不超过 25℃，气候湿热；中部过渡为热带草原气候；北部属于热带半干旱气候，温度通常在 25～34℃，气温高且干燥，全国年平均温度为 24℃。每年 3—10 月为雨季，10 月到翌年 3 月为旱季。降水量由北向南渐增，年平均降水量在 2 000 毫米以上。喀麦隆火山山麓全年降水量高达 1 万毫米，是世界降水量最多的地区之一。

喀麦隆南部气候和土壤条件非常适合油棕的生长，是油棕种植的主要地区之一；中部靠近森林地带地区和西部靠近尼日利亚边界地区均有油棕种植园。

二、油棕种植历史

喀麦隆地区的油棕种植有着悠久的历史。法国植物学家 Auguste Chevalier 在喀麦隆和达荷美（Dahomey，即现在的贝宁）的研究揭示了油棕种植园并非自然形成，而是与人类活动密切相关。

20世纪初,科学家Paul Preuss对喀麦隆的"lisombe"棕榈（即现代分类中的Tenera油棕）进行了研究,发现其油含量高于普通品种。1907年,喀麦隆山和埃迪亚附近的沿海平原建立了第一批商业种植园,推动了喀麦隆油棕种植的现代化和科学化,提高了油棕产量和质量,棕榈油产业进一步得到发展,直到1960年,产量达到42 500吨左右。而后喀麦隆政府接管了棕榈油生产,成立了Société des Palmeraies（SOCAPALM）、PAMOL和CDC等公共部门。

如今,喀麦隆的油棕产业具有进一步发展的潜力,但需要解决包括土地使用效率、种植技术以及与小农经济的整合等问题。

三、油棕产业情况

（一）油棕种植概况

喀麦隆的农业工业化棕榈油种植园和棕榈油工业化转化主要由五大公司进行：法国Bolloré集团旗下有三家公司,包括SOCAPALM（油棕种植面积28 027公顷）、SAFACAM（油棕种植面积4 870公顷）和瑞士农场（油棕种植面积3 793公顷）；另两家公司属于喀麦隆：CDC（油棕种植面积12 670公顷）和PAMOL（油棕种植面积9 500公顷）。

根据FAO数据显示,2002年喀麦隆油棕收获面积为6万公顷,2021年喀麦隆油棕收获面积为21万公顷,2002—2021年喀麦隆油棕收获面积平均为13万公顷,总体呈波动上升趋势,2009年增长最多,除2021年外,其他年份的增长率均为正值（图2-22）。

图 2-22　2002—2022 年喀麦隆油棕收获面积
（数据来源：FAO）

2002 年喀麦隆的油棕产量为 115 万吨，截至 2021 年油棕产量增加至 287 万吨，增长 149.6%，年均增长率为 4.9%。2002—2021 年喀麦隆油棕产量平均为 195 万吨，总体呈上升趋势，2010 年年增长率最大，2002 年总产量最低，为 115 万吨，2020 年总产量最高为 300 万吨（图 2-23）。2002—2022 年喀麦隆油棕单位面积产量在 10～22 吨/公顷（图 2-24）。

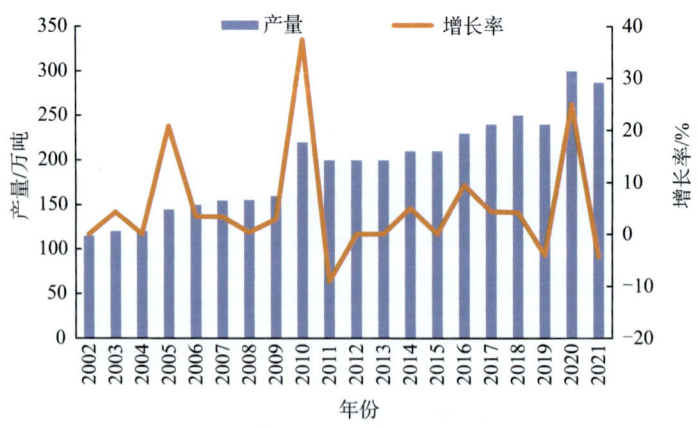

图 2-23　2002—2021 年喀麦隆油棕产量
（数据来源：FAO）

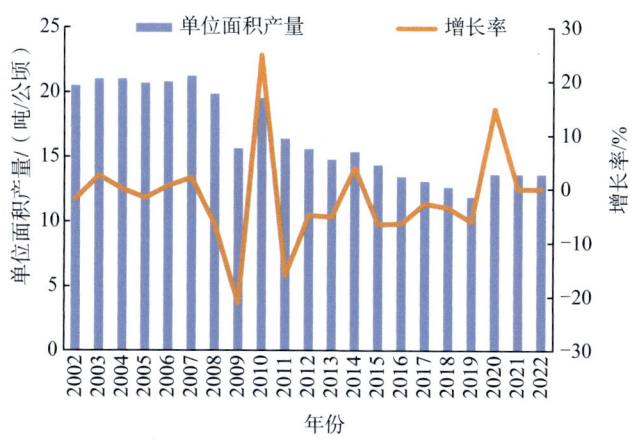

图 2-24　2002—2022 年喀麦隆油棕单产变化情况

（数据来源：FAO）

（二）棕榈油生产和消费概况

喀麦隆是非洲第三、世界第九大棕榈油生产国，2002—2021 年喀麦隆棕榈油产量平均值为 26.6 万吨，其中 2020 年产量最高为 37.3 万吨，2002 年最低 15.3 万吨，总体呈上升趋势；棕仁油产量远低于棕榈油产量（图 2-25），2002—2021 年棕仁油产量的平均值为 3 万吨。

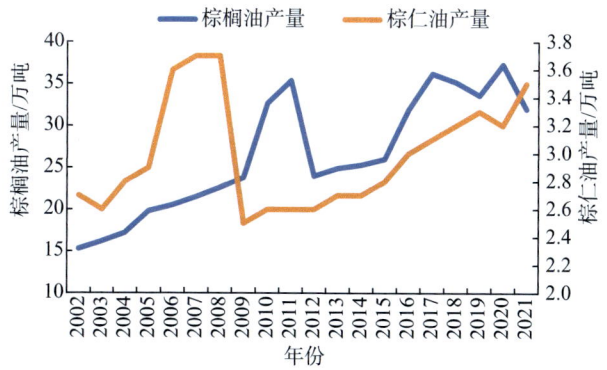

图 2-25　2002—2021 年喀麦隆棕榈油/棕仁油产量

（数据来源：FAO）

（三）产业贸易现状

2012—2021 年喀麦隆棕榈油的进口量均大于出口量（图 2-26），大部分进口棕榈油来自印度尼西亚、马来西亚和加蓬，2012 年棕榈油净进口量为 4.8 万吨，2021 年棕榈油净进口量为 7.4 万吨，2012—2021 年棕榈油净进口量总体呈波动趋势。棕榈油的进口价格小于出口价格，2021 年进口价格约为 1 106 美元 / 吨，出口价格为 1 636 美元 / 吨。

图 2-26　2012—2021 年喀麦隆棕榈油进出口情况

（数据来源：FAO）

四、油棕种质资源鉴定和品种培育

（一）油棕资源的类型和特性

喀麦隆是一个重要的油棕种植国家，其主要栽培的油棕品种有 Tenera、Dura 以及 Pisifera。Tenera 是一种常见的油棕主栽品种，是 Dura 和 Pisifera 两个亚种的杂交品种；Tenera 品种通常具有较高的油脂含量，适合用于工业生产。Dura 是油棕的一个亚种，其果实通常具有较厚的外壳，适合用于提取棕榈油。Pisifera 是油棕的另一个亚种，其果实通常没有外壳，但油含量较低；在喀麦隆，Pisifera 品种通常被用于杂交育种，以获得更具经济价值的品种。这些品种在喀麦隆的油棕种植业中起着重要作用，为棕榈油生产提供了丰富的资源。

2024 年布埃亚大学的一项研究发现，小农户更愿意种植 Tenera，原因是它的产油量比 Dura 品种更多。超过一半的小农户选择从喀麦隆农业发展研究所（IRAD）购买油棕种子，还有一些农户是从 SOCAPALM 公司购买，也有少量农户是从其他的油棕种子供应商包括 Common Initiative Groups（CIGs）、Mbongo Company 等购买。

（二）新品种培育

1. 新品种培育单位和育种水平

喀麦隆农业发展研究所（IRAD）是喀麦隆国家在农业发展方面的一个长期机构，以国家发展的优先部门为中心，以用户的实际需要为基础，进行相关科学研究，确保当地资源的可持续管理和环境保护，促进研究成果的价值化，并将研究成果提供给用户；满足他们需求的数据、结果和产品，提供所有可能对农业发展产生影响的信息。

喀麦隆农业发展研究所的油棕育种计划旨在通过反复循环选择方法提高油棕的油产量和降低其垂直增长率，通过对 16 个 Deli dura× La Mé Tenera/Pisifera 的后代种植后第 4 年到第 9 年的性状进行评价，包括植株高度和果实产油量，筛选出了早熟、高产油量（4.56 吨 / 公顷）和低垂直生长率（46 厘米 / 年）的后代，并建议将其用于商业种子生产计划以满足喀麦隆日益增长的棕榈油需求。

2024年喀麦隆农业发展研究所对来自喀麦隆的169个野生油棕叶片样本进行了全基因组关联分析，发现多个SNP标记与油棕小叶宽度和叶面积相关联。其中，与小叶宽度最显著相关的SNP位于第8染色体，而与叶面积最显著相关的SNP位于第4染色体。研究提供了控制油棕小叶宽度和叶面积性状的基因区域的新候选者，这些发现对于油棕的分子选择和育种策略具有重要价值。同时，研究建议将喀麦隆油棕种质资源引入油棕改良选择计划中，以加速重要营养性状的遗传改良。

2. 品种特性

（1）Kigoma

该品种果穗含油量高，果粒中等（8克），具有一个大的内核和非常薄的外壳，对干旱和低温具有良好耐受性，适宜种植于在海拔1 000米的乌干达、赞比亚和坦桑尼亚的种植园中。它比普通品种早熟，也表现出一定程度的芽腐病抗性。Kigoma品种由Tanzania×Ekona杂交育成，其母本Tanzania是从哥斯达黎加维多利亚湖附近的坦桑尼亚高地（海拔800~1 000米）的野生种质中选育获得，其父本Ekona源自于喀麦隆。

（2）La Me

该品种产生于法国油料油脂研究所（IRHO，现为Cirad）在育种计划中从科特迪瓦的野生树林中采集的L2T油棕，在西非（科特迪瓦、贝宁、喀麦隆）、印度尼西亚、泰国和非洲拉丁美洲，从L2T油棕中提取的Pisiferas和Ts用于育种试验。La Me及其后代具有叶片和果串较小、对较差环境耐受性强的特点。

（3）Ekona

Ekona（EK）BPRO由联合利华公司将喀麦隆和南非的Ekona野

生棕榈树杂交而成，是 Cam 2/2 311 的后代，以高束产量而闻名，具有良好的含油量和抗枯萎性，已在哥斯达黎加和马来西亚得到广泛种植。

（4）巴门达 Bamenda

该品种果粒较小（6 克），含油量适中，对低温和干旱具有较好抗性，因此经常被种植在海拔 1 000 米以上的地区。此外，该品种对芽腐病、萎蔫病和冠腐病表现出良好的耐受性。巴门达品种为 Bamenda × Ekona 杂交选育获得（图 1-30），其母本 Bamenda 是从喀麦隆巴门达地区（海拔约 1 200 米）的高原野生材料中选育获得；其父本 Ekona 同样源自于喀麦隆，1970 年被引进哥斯达黎加。

（5）Deli×Ekona

该品种是一种在油棕育种中极具潜力的材料，通过将来自喀麦隆和刚果（金）的 Deli dura 材料与 Ekona 材料杂交而得。Ekona 以其高油棕产量而著称，Ekona×Deli dura 的 F_2 代在试验中显示出比 Bah Lias Deli dura 自交后代更高的油棕产量（oil-to-bunch，OB），其中一些后代的 OB 比率达到了 27.7%，并且具有高果肉比例。该品种遗传多样性较高，由于 Ekona×Deli F_2 后代之间存在较高的遗传变异性，这为通过后代测试和自交进一步育种提供了潜力。该品种能够快速繁殖，基于后代试验结果，可以通过克隆技术快速繁殖这些后代中表现最佳的 Deli dura 植株。Ekona×Deli dura 的 F_2 后代显示出了进一步育种的潜力，有望通过在后代内部选择（经过后代测试）和进一步自交来实现。这些特性说明 Deli Ekona 油棕是一种有前景的育种材料，可以用于提高油棕的油产量和改善其他经济性状。

第五节 刚果（金）

一、自然气候

刚果（金）位于位于非洲中部，地处北纬5°2'至南纬13°50'，国土面积234万平方千米。赤道横贯刚果（金）北部，赤道南北两侧雨、旱季交替，北部为旱季时，南部为雨季，反之亦然。全国各地气候多样，北部属热带雨林气候，南部属热带草原气候，年平均气温27℃，年降水量1 000毫米。中央盆地炎热潮湿，热带疾病流行，人烟稀少。东部地势较高，气候宜人，南北基伍省年平均温度19℃，加丹加省20℃，适于发展农牧业。金沙萨地区年平均温度25℃，6—9月为旱季，多云无雨，气候凉爽；10月至翌年5月为雨季，多阵雨，气温较高。

刚果（金）的油棕主栽区主要集中在北部地区。

二、油棕种植历史

刚果（金）从19世纪开始出口棕榈油和棕榈仁。1911年，利华兄弟公司创始人威廉·利华休姆爵士获得比利时殖民部长的授权，来到刚果（金）发展棕榈油业务，获得了约75万公顷的特许权。他创立的Huileries du Congo Belge（HCB）公司至今仍在经营棕榈油业务，现已更名为Plantations et Huileries du Congo（PHC）。利华兄弟公司当时的任务是研究野生棕榈树的合理利用，为建立种植园寻找技术基础；研究棕榈油的提取方法和棕榈仁的处理方法；研究棕榈产品的适当运输和储存方法，并确定棕榈产品的市场和工业销路。1910年，刚果（金）出口棕榈油 2 160 吨、棕榈仁 6 140 吨，棕榈油主要出口到英国，棕榈仁主要出口到德国。到 1957 年，棕榈油出口量已增长到 15 万吨。

1960 年，刚果（金）成为仅次于尼日利亚、领先于马来西亚和印度尼西亚的第二大棕榈油出口国，其棕榈油出口量达 16.7 万吨。1961 年，刚果（金）棕榈油的产量为 22.4 万吨，而马来西亚和印度尼西亚的棕榈油产量分别为 9.48 万吨和 14.57 万吨。但 2021 年的数据显示，刚果（金）棕榈油的产量停滞在 30 万吨，而马来西亚和印度尼西亚的产量则分别呈指数级增长，分别达到 1 910 万吨和 4 480 万吨。虽然刚果（金）在棕榈油行业的诞生和发展中发挥了关键作用，但如今该国已失去这一地位，甚至没有被列入十大棕榈油生产国之列。

中国热带农业科学院椰子研究所（以下简称"热科院椰子所"）是国内较早研究油棕的科研单位之一。多年来，该研究所针对中国企业"走出去"发展油棕产业时面临的技术需求，开展相关产业技术集成研究，为我国企业在刚果（金）发展油棕种植业提供科技支撑。热科院椰子所全程支持中国企业在刚果（金）种植油棕 3 万多亩（1 亩 ≈667 平方米，全书同）（图 2-27）。从 2015 年开始，该所先后四次派遣专家团队赴非洲开展实地勘测，针对刚果（金）南部高原热带草原气候特点，结合当地气候、水文条件和非洲西部油棕主产区主栽品种特性，鉴选了 4 个高产耐寒品种、繁育种苗 60 万株。

图 2-27 中国热带农业科学院椰子研究所技术支持辽宁企业在刚果（金）发展 3 万亩油棕种植园

三、油棕产业情况

（一）油棕种植概况

根据 FAO 数据显示，2002 年刚果（金）油棕收获面积为 17 万公顷；2021 年刚果（金）油棕收获面积为 33.4 万公顷，2002—2021 年整体呈上升趋势。2002—2021 年刚果（金）油棕收获面积平均为 22.9 万公顷，收获面积最小的 2004 年为 16 万公顷，收获面积最大的 2022 年为 33.4 万公顷（图 2-28）。目前刚果（金）油棕的单位面积鲜果产量约 6.6 吨/公顷，仍不到世界平均水平。刚果（金）油棕树多呈野生、半野生状态，除采果外几乎没有其他抚管措施，多数树体雄花序较多、果串较少，存在品种落后、树龄老化、疏于管护等问题。

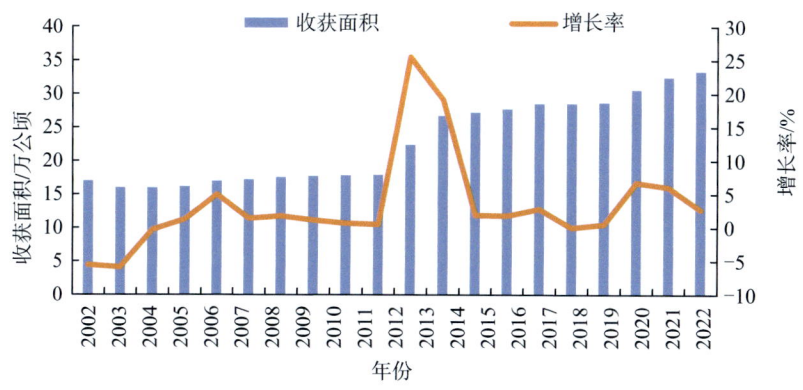

图 2-28　2002—2021 年刚果（金）油棕收获面积
（数据来源：FAO）

2002 年刚果（金）的油棕产量为 105 万吨，截至 2021 年油棕产量增加至 219.6 万吨，增长 109%，年均增长率为 3.96%（图 2-29）。2002—2021 年刚果（金）油棕产量平均为 148 万吨，整体变化趋势与种植面积相同，总体呈上升趋势。2002—2022 年刚果（金）油棕单位面积产量在 6~6.8 吨/公顷（图 2-30）。

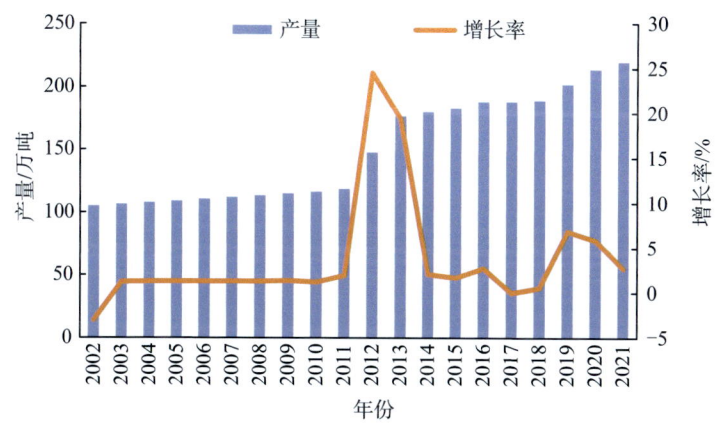

图 2-29　2002—2021 年刚果（金）油棕产量
（数据来源：FAO）

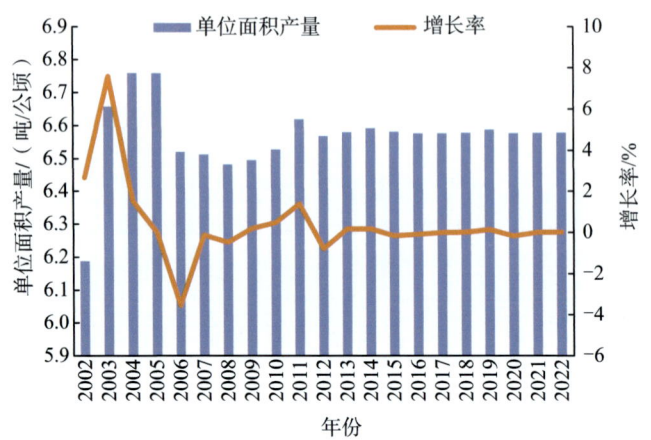

图 2-30　2002—2022 年刚果（金）油棕单产变化情况
（数据来源：FAO）

（二）棕榈油生产和消费概况

刚果（金）生产棕榈油主要是为了满足当地的需求。2002—2021年刚果（金）棕榈油产量平均值为 23.3 万吨，整体呈上升趋势；棕仁油产量远低于棕榈油产量，2002—2021 年棕仁油产量的平均值为 1.2 万吨，总体呈下降趋势（图 2-31）。

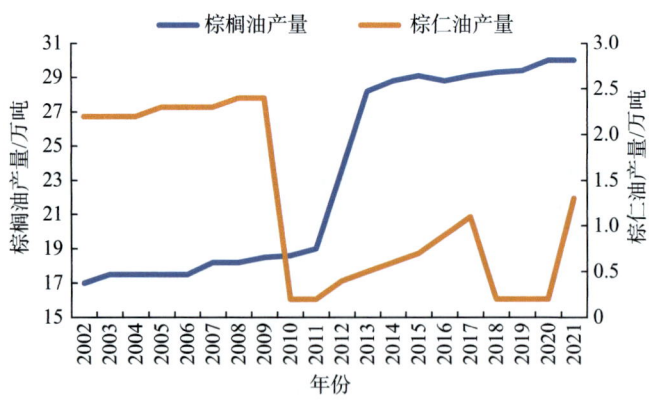

图 2-31　2002—2021 年刚果（金）棕榈油 / 棕仁油产量
（数据来源：FAO）

2022年，刚果（金）的棕榈油消费量约为42.5万吨，而目前国内产量约为30万吨。刚果（金）1亿多人口每天都在消费棕榈油。当地棕榈油的价格因地而异，每升3 000～6 000法郎，相当于每升1.25～2.50美元。

（三）产业贸易现状

近年来，刚果（金）棕榈油进口量均远大于出口量。2012年棕榈油净进口量为8.4万吨，2021年棕榈油净进口量为3.8万吨，总体呈下降趋势（图2-32）。棕榈油的进出口价格相差较大，2021年进口价格约为400美元/吨，而出口价格仅为25美元/吨。

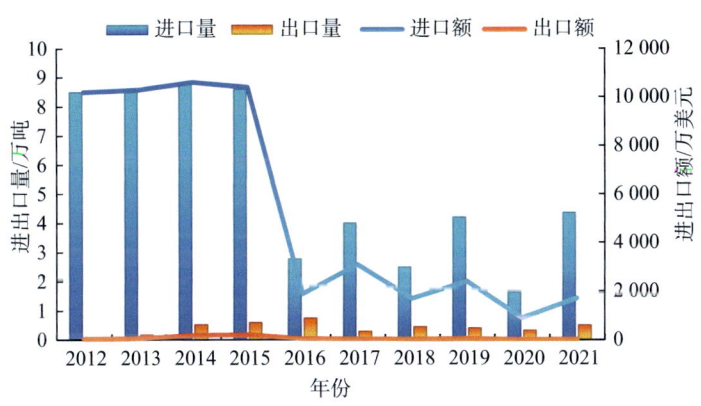

图2-32　2012—2021年刚果（金）棕榈油进出口情况

（数据来源：FAO）

四、油棕种质资源鉴定和品种培育

（一）油棕资源的类型和特性

刚果（金）在油棕种质资源评价方面取得较多进展，包括阐明油棕棕仁壳厚度这一重要性状的遗传基础。油棕果实的棕仁可能有厚壳、薄壳或无壳。油棕遗传学家将棕仁大、壳厚的棕榈树称为 Dura 型，棕仁小、壳薄的棕榈树称为 Tenera 型，没有棕仁壳的棕榈树称为 Pisifera 型。Tenera 型棕榈树的果实比 Dura 型棕榈树含油量更高，因为 Tenera 型棕榈树的中果皮占果实的 55%～96%，而 Dura 型棕榈树的中果皮仅占果实的 35%～65%。20 世纪 30 年代，Beirnaert 和 Vanderweyen 在位于刚果（金）Yagambi 的刚果农学研究所（INEAC）研究站进行了遗传学研究，结果表明，棕榈仁壳厚度由一个基因控制，该基因具有两个共显性等位基因。Dura 型棕榈的基因组携带两个 sh^+ 等位基因，而 Pisifera 型棕榈的基因组携带两个 sh 等位基因。Tenera 形式被鉴定为 Dura 和 Pisifera 形式的杂交种，因为它携带一个 sh^+ 等位基因和一个 sh 等位基因。早在 1946 年，Vanderweyen 就证明通过 Dura 和 Pisifera 形式的杂交（称为 D×P 杂交），可以获得 100% 的 Tenera 后代。两种 Tenera 之间的杂交产生的后代根据孟德尔遗传定律分为 25% 的 Dura 形式、25% 的 Pisifera 形式和 50% 的 Tenera 形式。这被称为"刚果理论"，后来在尼日利亚和马来西亚得到证实。如今，D×P 杂交已经成为所有商业油棕种植园生产 Tenera 幼苗的标准，并构成了油棕生产力遗传改良的重要基础。

  2016 年刚果种植园和油厂（PHC）对刚果（金）Yaligimba 地区种植的不同类型油棕（Albo-nigrescens、Albo-virescens 和 Virescens）进行了形态学观察，研究不同油棕类型的果实颜色、叶和花序的颜色，分析 Albo-nigrescens、Albo-virescens 和 Virescens 类型的遗传性，并评估这些油棕类型的产量和生长表现。研究发现，Albo-nigrescens 未成熟果实为黑色，成熟后顶部为棕褐色，中间和基部为淡黄色；Albo-virescens 未成熟果实为黑绿色，成熟后顶部为黄绿色，中间和基部为淡黄色；Virescens 未成熟果实为黑绿色，成熟后完全为橙红色；Nigrescens 未成熟果实为黑色或黑紫色，成熟后变为黑褐色，顶部为红色（图 2-33）。研究结论表明，Albo-virescens 后代中存在 36% 的 Albo-nigrescens、36% 的 Albo-virescens、18% 的 Virescens 和 9% 的 Nigrescens。而自交的 Albo-nigrescens 后代仅显示 77% 的 Albo-nigrescens 和 23% 的 Nigrescens，没有 Virescens 和 Albo-virescens。不同油棕类型的差异不仅表现在果实颜色上，还表现在叶柄、叶鞘和花序的颜色上。Albo-nigrescens 后代的植株高度较小，产量较高，但在棕榈油工业中的实际应用前景尚未明确。

图 2-33　不同品种果实颜色对比

（图片来源：论文：Luyindula N., Mantantu N., Muembo D., Batanga R., Bois d'Enghien P.. Some Morphological Observations on Albo-nigrescens, Albo-virescens and Virescens Types of Oil Palm Planted at Yaligimba (DRC). *World Journal of Agricultural Research*. Vol. 4, No. 4, 2016, pp 114-118. https://pubs.sciepub.com/wjar/4/4/3）

马来西亚棕榈油研究所（PORIM）对刚果（金）Yaligimba 地区 8 个生态型、56 个地点的油棕后代鲜果穗产量和生长情况进行观测。研究发现，位于山区的生态型 E 在鲜果穗产量上表现最好，比最低的生态型 H 高出 36%，比试验平均值高出 19%；Bukavu（生态型 E）和 Kisantu（生态型 F）是产量最高的两个地点，分别比试验平均值高出 25% 和 22%，6 个高产油棕来自生态型 A、C、D 和 E。来自不适合油棕生长的地区的种子可能因适应性而产生更高的产量，因为自然选择可能创造了更适应恶劣环境条件的棕榈树，因此在最佳条件下表现更好。

（二）新品种培育单位和育种水平

Centre d'Etudes et de Recherches en Agronomie Tropicale de Yaligimba（简称 Creaty）是位于刚果（金）的热带农业研究中心，该研究在油棕育种方面进行了一系列的研究和开发工作，包括油棕种质资源的收集、评价和利用，油棕的生长和产量表现研究，以及油棕的遗传改良等。

第六节 刚果（布）

一、自然气候

刚果（布）位于非洲中西部，地处南纬 1°至北纬 5°，国土面积 34.2 万平方千米。刚果（布）南部属热带草原气候，中部、北部为热带雨林气候，气温高、湿度大，全国年平均气温在 24~28℃。总体上，刚果（布）属于赤道型热带气候，全年气候炎热、湿润，分大小旱雨季：1—2 月为小旱季，3—4 月为小雨季，5—9 月为大旱季，10—12 月为大雨季。季节变化温差不大，但降水量因地而异，差别很大。例如，北部地区除1月、12月可以称为旱季外，其余月份基本都是雨季。刚果（布）全年降水量为1 000～1 600毫米，北部地区可达2 000毫米以上。

刚果（布）的油棕主栽区通常位于其南部和中部地区，这些地区具有适合油棕生长的气候条件，如充足的降雨和温暖的温度。

二、油棕种植历史

油棕最初在热带地区广泛种植，刚果（布）也是其中之一。刚果（布）油棕的种植历史可以追溯到20世纪中期。20世纪50年代，刚果（布）开始引入油棕作为经济作物。法国殖民当局和一些私人公司在这一时期开始进行试验种植。20世纪70—80年代，刚果（布）继续扩大油棕种植面积，独立后的政府重视农业发展，油棕作为主要的经济作物之一受到关注。

自20世纪90年代以来，刚果（布）油棕种植业经历了现代化和规模扩张。政府和私人公司投资建设了大量的油棕种植园和加工厂。特别是在21世纪，油棕种植在刚果（布）经济中占据了重要地位。主要的种植区域在该国的南部和东南部地区。

三、油棕产业情况

（一）油棕种植概况

根据FAO数据显示，2002年刚果（布）油棕收获面积为0.7万公顷，2021年刚果（布）油棕收获面积为1.3万公顷，2002—2021年总体呈上升趋势，但增长率较低（图2-34）。

2002年刚果（布）的油棕产量为9万吨，截至2021年油棕产量增加至 16 万吨，增长 77.8%。2002—2021 年刚果（布）油棕产量平均为 14 万吨，整体变化趋势与种植面积相同（图 2-35）。2002—2021 年刚果（布）油棕单位面积产量在 12.4～12.6 吨 / 公顷（图 2-36）。

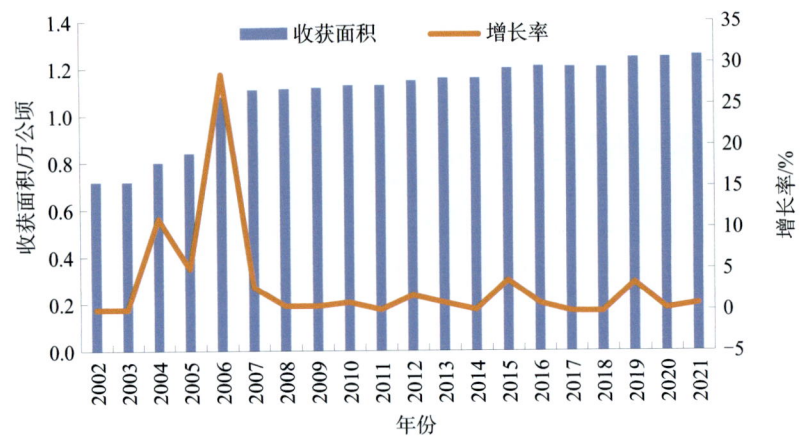

图 2-34　2002—2021 年刚果（布）油棕收获面积

（数据来源：FAO）

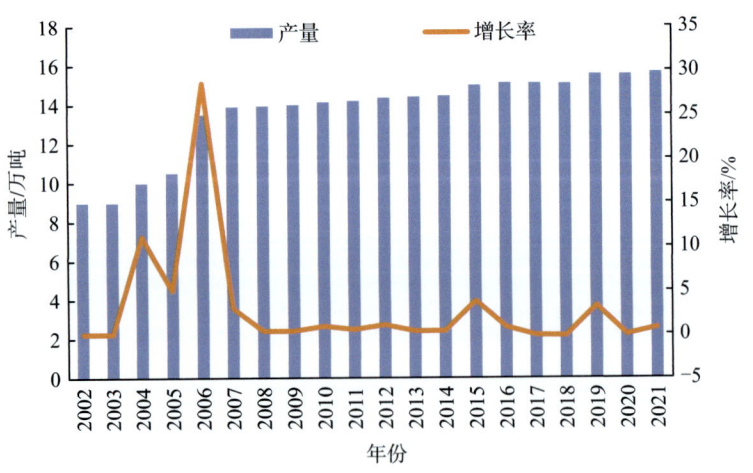

图 2-35　2002—2021 年刚果（布）油棕产量

（数据来源：FAO）

第二章　非洲的油棕资源和品种

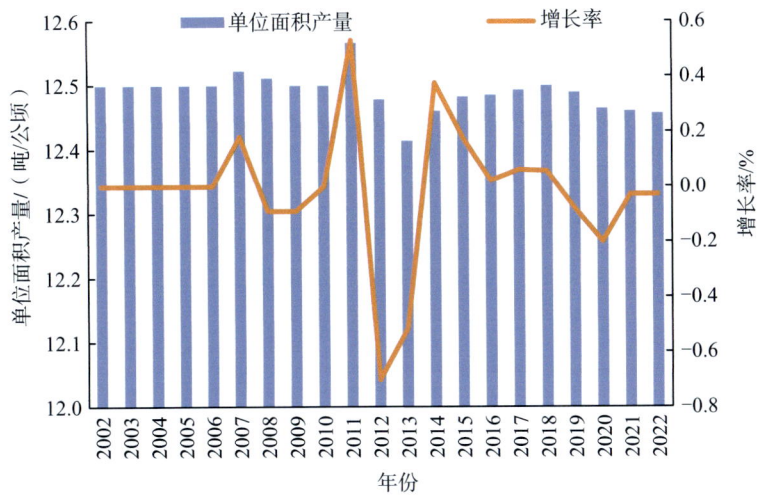

图 2-36　2002—2022 年刚果（布）油棕单产变化情况
（数据来源：FAO）

（二）棕榈油生产和消费概况

2002—2021 年刚果（布）棕榈油产量平均值为 2.5 万吨，整体呈上升趋势，但增长速率较低（图 2-37）。

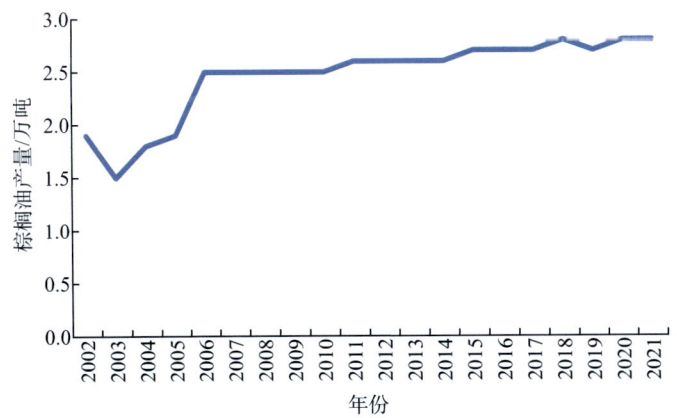

图 2-37　2002—2021 年刚果（布）棕榈油产量
（数据来源：FAO）

· 073 ·

（三）产业贸易现状

2012—2021 年刚果（布）棕榈油进口量总体呈波动趋势，其中最大值为 2020 年的 7.8 万吨，最小值为 2012 年的 2.9 万吨（图 2-38），2021 年进口价格为 1 096 美元/吨。

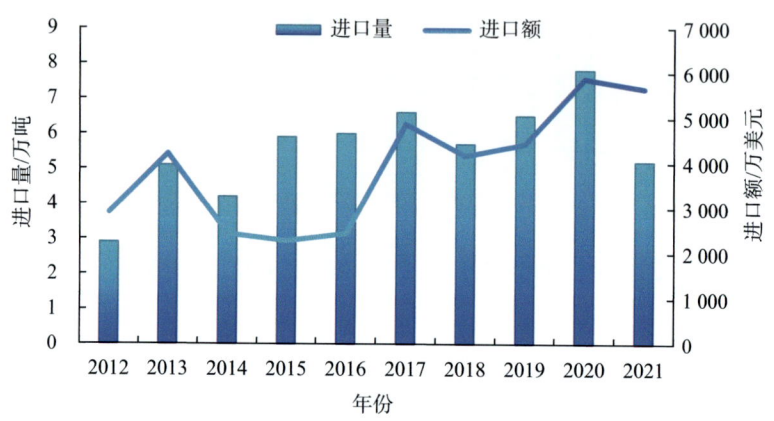

图 2-38　2012—2021 年刚果（布）棕榈油进口情况

（数据来源：FAO）

四、油棕种质资源鉴定和品种培育

（一）油棕资源的类型和特性

据调查，目前分布在刚果（布）的油棕资源类型主要可分为薄壳种和厚壳种。薄壳种是外来品种，主要分布在北部地区（奥旺多以北地区如马夸、埃通比、利韦索、韦索等），这可能与法国殖民时期进行的引种商业栽培有关。据现场调查，埃通比地区有一油棕园面积为 1.5 万公顷，树龄超过 50 年，茎干高达 10 米以上，冠幅较小，叶片短小，所结油棕果实较少，行间灌木、杂草丛生，已经完全成为了森林中的一个树种。油棕果粒呈圆形，为薄壳种。法国 CFHB 公司于殖民时期的 1958 年开始种植。1965—1989 年刚果（布）独立后由国内组建的油棕公司接管经营，但因技术、资金等原因，导致其无法继续进行商业生产。1989—1997 年，油棕园由国际油棕合作公司 APVOIL 接手经营，但因 1997 年内战爆发等原因而停产。1999 年起，因毛棕榈油加工厂停产废弃，油棕园管理荒废，目前处于自然生长状态，任由村民采摘。位于欧尤市莫波波地区的 NG 公司自 2000 年引种的 140 公顷油棕为引种的厚壳种，其余地方都可归为本地野生厚壳种，分布在刚果（布）中部和南部地区（奥旺多及其以南地区）。

（二）新品种培育单位和育种水平

刚果（布）的油棕生产发展及科研水平均较低，目前没有专门的油棕研究机构，也鲜有油棕相关的科研成果报道。仅刚果（布）农学院设置了热带作物专业，从事一些油棕研究，并向部分种植户提供相关的技术服务。

第七节 乌干达

一、自然气候

乌干达位于非洲东部、横跨赤道，地处北纬 0°19″至南纬 1°，国土面积 24 万平方千米。乌干达的地形多样，这些地形特征对气候也产生了一定的影响。东非大裂谷的西支纵贯乌干达西部，谷底湖泊众多，这些湖泊的存在调节了周围地区的气候，使得乌干达的气候更加湿润。乌干达的高海拔地区，如鲁文佐里山脉，受海拔的影响，气候特征与低地有所不同，可能会出现较为凉爽的气候条件。乌干达以热带草原性气候为主，年平均气温 22.3 ℃，10 月气温最高，平均气温为 23.5 ℃；6—7 月气温最低，平均气温为 21.4 ℃。大部分地区年降水量在 1 000~1 500 毫米，3—5 月、9—11 月为雨季，其余为两个旱季。近年来，乌干达旱雨季不甚明晰，交替时序出现变化。

卡兰加拉是乌干达生产和收获油棕果实新鲜果串（FFB）的主要地区。布伍马岛引进的油棕尚未开始产出（等待成熟），新确定的马萨卡和马尤盖地区也尚未开始生产（等待环境和社会影响评估）。因此，乌干达目前主要依赖卡兰加拉油棕中心的产量。

二、油棕种植历史

油棕并非原生于乌干达，而是在殖民时期引入的。英国殖民者在 19 世纪末期将油棕引入乌干达，主要是为了满足当时殖民地的需求，特别是在制造肥皂和其他商品中使用棕榈油的需要。

20 世纪初，随着对棕榈油的商业利用逐渐增加，乌干达开始推广油棕的商业种植。最早的油棕种植园主要集中在乌干达的西部地区，如布吉里和布西亚地区。油棕种植业对乌干达的经济起到了重要作用，提供了就业机会，尤其是在农村地区。棕榈油的出口也为乌干达带来了外汇收入，成为国家经济的重要支柱之一。

三、油棕产业情况

（一）油棕种植概况

乌干达于1998年通过政府牵头的植物油开发项目引入了商业油棕种植，该项目采用创新的公私生产者伙伴关系（4P）模式，涉及卡兰加拉地区的综合加工商/核心庄园/小农户模式。目前，卡兰加拉的油棕种植面积超过11 000公顷，生产范围已扩大到布武马和马尤盖地区。适应性研究表明，马萨卡、基巴莱、布吉里和卡加迪适合种植棕榈。在卡兰加拉，超过6 500公顷土地属于私营部门合作伙伴乌干达油棕有限公司（OPUL），超过5 000公顷土地属于中小型农户。卡兰加拉小农户的新鲜棕榈果产量一直在增加，从2017年约27 000吨增加到2021年62 300吨，主要是由于油棕种植面积的扩大。小农户和农场的油棕单产分别为13.94吨/公顷和18.07吨/公顷，且单产水平在短时间内很难提高，需要国家农业组织（NARO）的干预，如培育新的油棕品种。

乌干达《新景报》2020年12月7日报道，乌干达政府正在实施一项7 670亿乌先令（约2.1亿美元）的棕榈油种植项目，乌国家棕榈油项目（NOPP）和国际农业发展基金将共同参与实施。该项目将棕榈油种植从Kalangala地区扩大至Buvuma、Mayuge、Masaka、Mukono等9个地区，增加了约91 000名种植户，以促进商业生产。NOPP为农户提供技术支持并帮助建立可持续合作的商业伙伴关系。当前棕榈油果实的价格为600乌先令/千克。

(二)棕榈油生产和消费概况

植物油需求的激增推动了全球油棕种植面积的扩大,继印度尼西亚和马来西亚大规模增长之后,热带非洲油棕种植面积也在不断扩大。乌干达目前每年对食用油的需求量为12万吨,约为其年产量的3倍。此外,人口增长和收入增加表明,国内和地区对植物油和汤等副产品的需求年增长率约为9%。

自1998年以来,乌干达政府一直投资国内植物油生产和加工,以满足日益增长的国内需求。由农业、畜牧业和渔业部(MAAIF)负责的植物油开发项目(VODP)在乌干达的卡兰加拉、布武马和其他51个地区实施,以提高国内生产量,解决农村贫困和营养问题,满足国家战略需要。项目通过公私合作方式进行,其中政府负责提供土地,而私营部门合作伙伴 M/S BIDCO Uganda Ltd. 为油棕开发和增值提供投资、资源和技术。

2018年,乌议会批准了在全国12个地区种植油棕项目的7 500万美元(合约2 800亿乌先令)的借款。油棕企业是农业部下属植物油开发项目的组成部分。农业部长表示,该项目由乌政府、农发基金和相关执行伙伴共同推进。政府将负责补偿受项目影响的人员的损失、开发基础设施等,执行公司BIDCO将负责支付清理土地、为农户提供机械、苗木、肥料等的费用。该项目包括对油棕疾病和营养的研究,并支持拥有小块土地的居民开展创收活动等。

(三)产业贸易现状

乌干达进口大量原棕榈油用于加工棕榈油和其他相关产品,多年来贸易逆差，2012 年棕榈油净进口量为 16.68 万吨，2021 年棕榈油净进口量为 27.11 万吨，其中最大值为 2020 年的 32.54 万吨，最小值为 2012 年的 16.68 万吨，近几年棕榈油净进口量逐渐增加（图 2-39）。每万吨棕榈油的进出口价格相差不大，2021 年进口价格约为 1 142 美元 / 吨，而出口价格为 1 295 美元 / 吨，出口价格略高于进口价格。

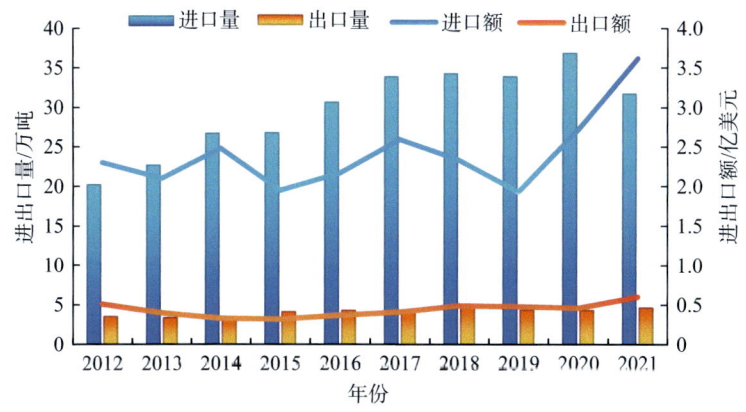

图 2-39 2012—2021 年乌干达棕榈油进出口情况

（数据来源：FAO）

乌干达原棕榈油的主要供应国（即供应市场）是马来西亚（约占进口金额的 60%），其次是印度尼西亚（约占进口金额的 34%）。非洲地区只有刚果（金）向乌干达供应原棕榈油，尽管与其他供应国相比其进口额最低（表 2-3）。这说明乌干达国内棕榈油生产能力较低，无法生产出足够数量的原棕榈油来满足当地农业工业原材料的需求。

表 2-3 2017—2021 年乌干达棕榈油供应市场

供应市场	进口额/万美元				
	2017 年	2018 年	2019 年	2020 年	2021 年
马来西亚	1 365	2 498	2 627	8 091	15 541
印度尼西亚	17 014	14 012	12 674	14 374	8 814
泰国	0	691	356	516	1 272
新加坡	1 008	186	28	0	214
菲律宾	0	0	0	0	125
刚果（金）	18	46	53	55	17
柬埔寨	0	134	382	115	-
哥伦比亚	0	0	0	155	-
秘鲁	0	0	0	92	-

数据来源：FAO。

乌干达主要向东非共同体（EAC）地区出口棕榈油，最大的出口目的地是南苏丹（占出口额的50%以上，出口额达32 000美元），其次是刚果（金）（表2-4）。表中所有东非共同体国家的进口额均超过乌干达对这些国家的出口额。但由于乌干达的出口额主要受限于棕榈油生产能力低下，所生产的棕榈油大部分用于满足国内棕榈油需求，因此该地区有空间开发现有的出口市场。乌干达棕榈油在该地区出口潜力最大的市场是南苏丹、刚果（金）和卢旺达。由于乌干达的原棕油和棕榈油生产能力较低，因此虽然存在出口潜力，但目前的重点可能不是扩大出口市场或增加出口市场渗透率，而是将更多的投资重点放在油棕和原棕油生产以及棕榈油生产上，以减少进口。

油棕作为一种多年生作物，对贝宁的农业和经济发展具有重要意义，不仅因为其油料用途，还因为它在食品、化妆品、生物能源、动物饲料和工业产品中的广泛应用。贝宁的小规模农户是油棕种植的主力军，他们提供了大部分的国家油棕产量，尽管他们面临着多种挑战，包括种植材料的质量、价格和获取问题。油棕种植为当地社区提供了就业机会和收入来源，同时也与传统习俗和文化实践紧密相连。

根据FAO数据显示，2002年贝宁油棕收获面积为1.8万公顷，2021年贝宁油棕收获面积为4万公顷，2002—2021年总体呈上升趋势，近几年收获面积增长率持续上升（图2-40）。

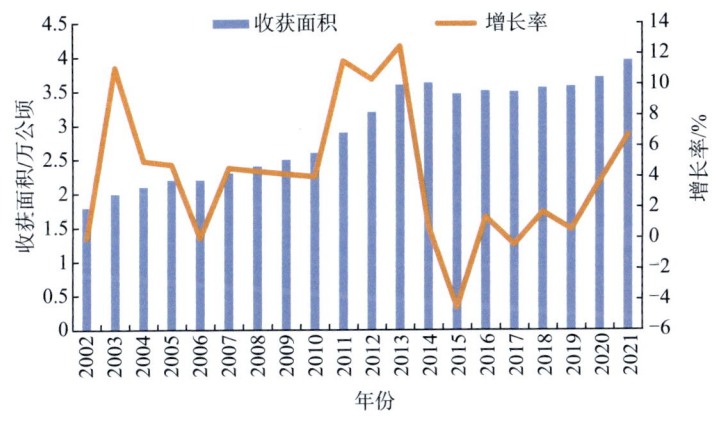

图2-40　2002—2021年贝宁油棕收获面积
（数据来源：FAO）

2002年贝宁的油棕产量为24万吨，2021年油棕产量增加至70万吨，增长192%，年均增长率为5.8%。2002—2021年贝宁油棕年平均产量为47万吨，整体呈上升趋势（图2-41）。2002—2021年贝宁油棕单位面积产量在12.7~17.9吨/公顷（图2-42）。

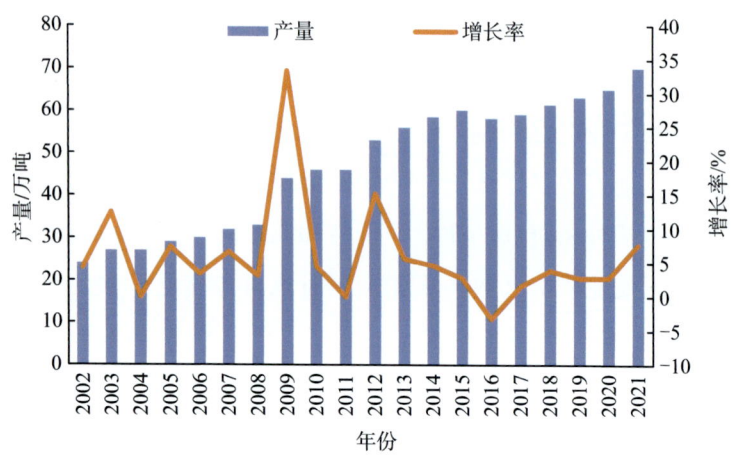

图 2-41 2002—2021 年贝宁油棕产量
（数据来源：FAO）

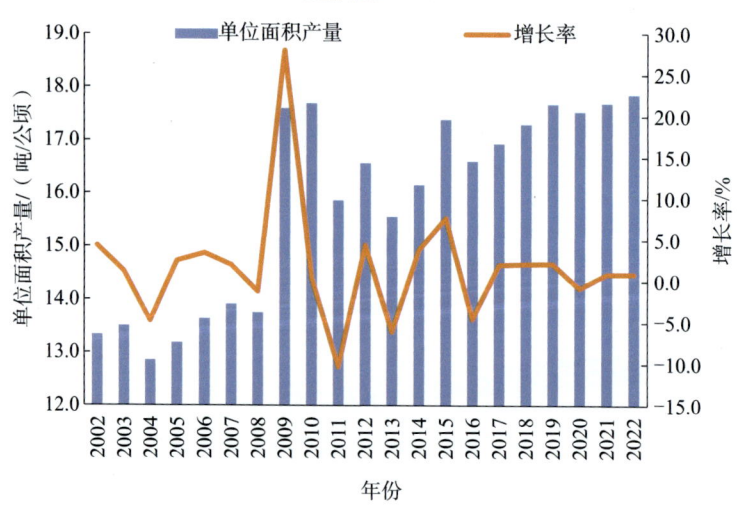

图 2-42 2002—2022 年贝宁油棕单产变化情况
（数据来源：FAO）

（二）棕榈油生产和消费概况

2002—2021 年贝宁棕榈油年平均产量为 5.4 万吨，总体呈上升趋势；棕仁油产量远低于棕榈油产量，2002—2021 年棕仁油产量年平均为 0.9 万吨，其中最大值为 2007 年和 2008 年的 1.2 万吨，最小值为 2012 年的 0.5 万吨（图 2-43）。

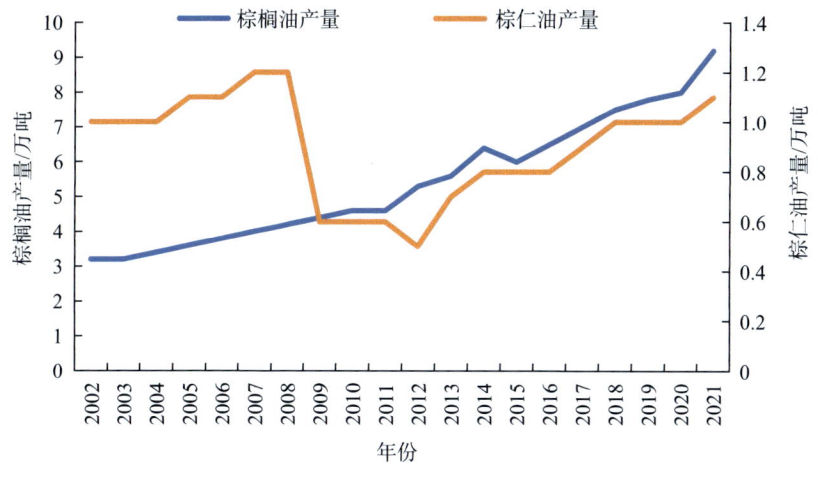

图 2-43　2002—2021 年贝宁棕榈油/棕仁油产量

（数据来源：FAO）

（三）产业贸易现状

贝宁的油棕产量尚未满足国内需求，导致需要从邻国进口。政府和研究机构，如油棕研究中心（CRA-PP），致力于通过政策支持和项目资助提高国内油棕产量，以减少对进口的依赖。尽管存在供应系统的问题，包括官方和非官方供应源的质量不一，以及农户对种植材料遗传质量的担忧，但油棕种植仍然是贝宁农业的重要组成部分，对提高小规模农户的生产力和生计具有潜在的积极影响。

2012—2021年贝宁棕榈油的进口量均远大于出口量，2012年棕榈油净进口量为8.6万吨，2021年棕榈油净进口量为8.9万吨，其中最大值为2018年的24.7万吨，最小值为2015年的5.5万吨（图2-44）。棕榈油的出口价格高于进口价格，2021年进口价格仅为846美元/吨，而出口价格为1 126美元/吨。

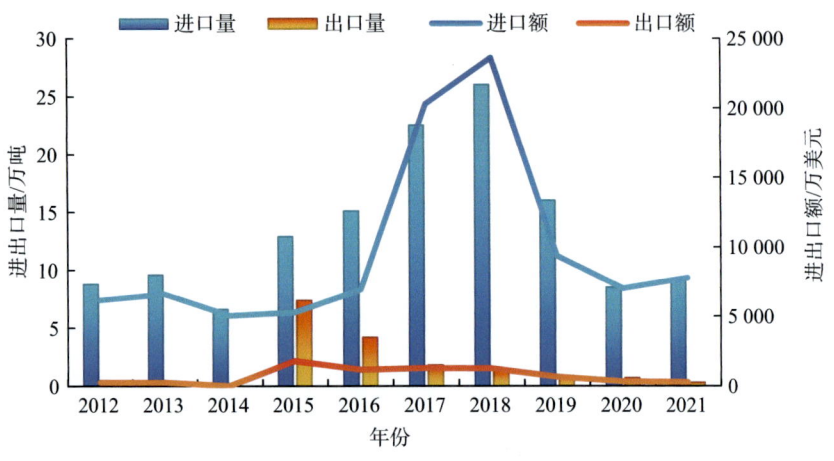

图 2-44　2012—2021 年贝宁棕榈油进出口情况

（数据来源：FAO）

四、油棕种质资源鉴定和品种培育

（一）油棕资源的类型和特性

（1）Dura 品种

这个品种具有较高的果实产量，适合大规模商业种植。它的油脂含量较高，但果壳较厚，需要较多的加工处理。

（2）Tenera 品种

Tenera 是 Dura 与 Pisifera 的杂交品种，具有高产、高油脂含量和较薄的果壳。它是目前最常见的商业栽培品种，因其经济效益显著而广泛种植。

贝宁也有一些传统的本地油棕品种，这些品种通常适应当地的自然环境，具有一定的耐旱性和病虫害抗性，但产量和油脂含量通常低于商业品种。

（二）新品种培育单位和育种水平

贝宁国家农业研究所（Institut National des Recherches Agricoles du Bénin，INRAB）是贝宁的国家级农业研究机构，致力于执行政府在农业研究领域的政策。该机构通过提供相关信息和技术，与自然资源的保护保持和谐，以支持农业发展。

INRAB关于油棕的研究包括以下几个方面：确定油棕的最小无机肥料剂量，旨在找出油棕生长所需的最佳无机肥料用量，以确保油棕的健康生长并提高产量；提高棕榈油的质量，评估其中维生素的含量，以选择其中维生素含量更丰富的材料；识别并制定针对油棕新害虫的防治方法，在贝宁南部油棕林中收集影响其生长发育的害虫，进行繁殖和保存，并对其进行物种鉴定，这涉及到对油棕害虫的识别和防治策略的开发，以保护油棕作物免受损害；油棕生物量管理方式对土壤有机质的影响，研究油棕种植园中生物量管理对土壤有机质含量的影响，这有助于了解不同管理实践对土壤健康和作物生长的长期影响。

贝宁国家农业研究所（INRAB）与法国国家农业、食品和环境研究所（CIRAD）及其子公司PalmElit进行了油棕产量改良的合作研究。

第九节　塞拉利昂

一、自然气候

塞拉利昂位于非洲西部，地处北纬7°～10°，国土面积7万平方千米。塞拉利昂属热带季风气候，高温多雨，分旱雨两季，5—10月为雨季，11月至翌年4月为旱季。全年平均气温约26.5℃，2—5月气温最高，最高温度可达40℃以上，7—9月气候最为凉爽，最低温度可达15℃左右。年平均降水量2 000～5 000毫米，是西非降水量最多的国家之一。

塞拉利昂的南部地区为热带雨林气候，降水量充足，适合油棕的生长；东部地区靠近邻国利比里亚和几内亚，也有一些油棕种植。

二、油棕种植历史

油棕原产于西非地区，早在殖民时期，欧洲殖民者已经认识到其经济价值。20世纪初，油棕被引入塞拉利昂。最初，种植油棕主要是为了满足本地和国际市场对油脂的需求。20世纪20—40年代，英国政府和一些欧洲公司开始在塞拉利昂进行大规模的油棕种植。油棕种植园逐渐扩张，尤其是在塞拉利昂的南部和西部地区。

塞拉利昂在1961年独立后，油棕种植继续作为重要的经济活动。然而，随着政治动荡和经济困难的增加，油棕产业也受到了一定影响。政府和私人企业的投资不稳定，导致了种植面积的波动。

1991年爆发的内战对塞拉利昂的经济和农业部门造成了严重破坏，包括油棕种植业。内战结束后，国家在2002年开始重建油棕产业。国际援助和私人投资的支持帮助恢复了部分油棕种植园。

2002年至今，油棕种植业在塞拉利昂得到了一定程度的恢复和发展。政府和国际组织鼓励可持续发展，推动现代化种植技术的应用。同时，也出现了一些关注环境保护和社会责任的投资项目，致力于改善油棕产业的可持续性和社会影响。

总体而言，塞拉利昂的油棕种植历史是一部经历了殖民、独立、战争和重建的动态发展史。尽管面临挑战，但油棕产业仍然是塞拉利昂经济的重要组成部分。

三、油棕产业情况

（一）油棕种植概况

FAO数据显示，2002年塞拉利昂油棕收获面积为2.2万公顷，2021年塞拉利昂油棕收获面积为4.4万公顷。2002—2021年塞拉利昂油棕收获面积平均为3.1万公顷，总体呈上升趋势，收获面积最小的2002年为2.2万公顷，收获面积最大的2019年为4.9万公顷（图2-45）。

2002年塞拉利昂的油棕产量为18万吨，2021年油棕产量增加至34万吨，增长88.9%，年均增长率为3.4%。2002—2021年塞拉利昂油棕产量平均为24万吨（图2-46），整体变化趋势与种植面积相同。近20年塞拉利昂油棕单位面积产量在7.6~8.2吨/公顷（图2-47）。

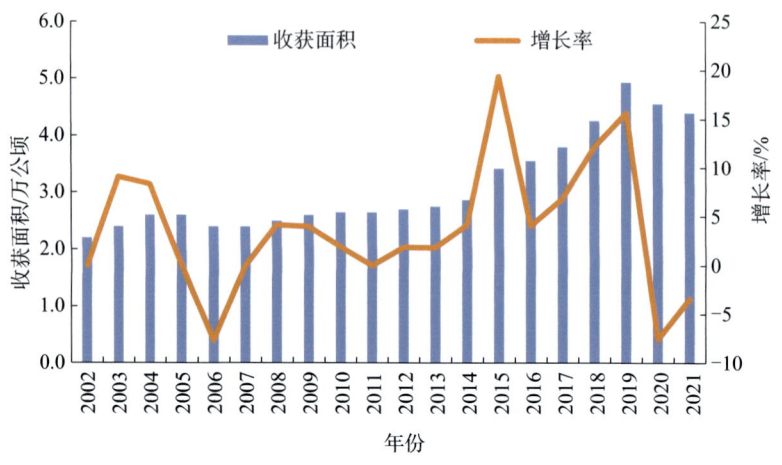

图 2-45　2002—2021 年塞拉利昂油棕收获面积
（数据来源：FAO）

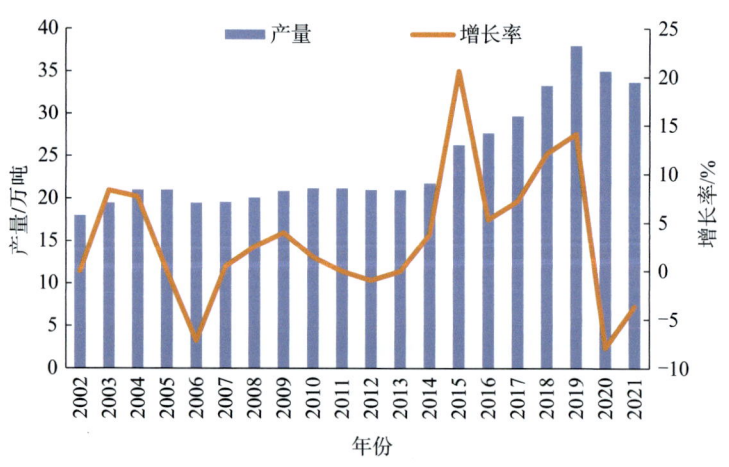

图 2-46　2002—2021 年塞拉利昂油棕产量
（数据来源：FAO）

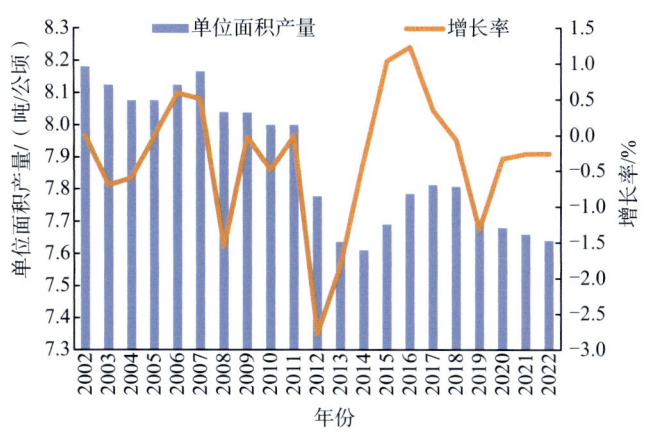

图 2-47　2002—2022 年塞拉利昂油棕单产变化情况
（数据来源：FAO）

（二）棕榈油生产和消费概况

2002—2021 年塞拉利昂棕榈油产量平均值为 5.6 万吨，其中最大值为 2019 年的 8.9 万吨，最小值为 2002 年和 2003 年的 3.6 万吨；棕仁油产量远低于棕榈油产量，2002—2021 年棕仁油产量的平均值为 1.2 万吨，其中最大值为 2019 年的 1.9 万吨（图 2-48）。

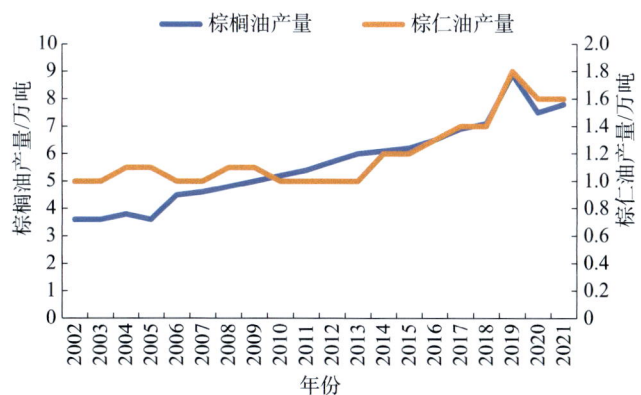

图 2-48　2002—2021 年塞拉利昂棕榈油 / 棕仁油产量
（数据来源：FAO）

(三) 产业贸易现状

塞拉利昂 2012 年棕榈油净进口量为 1.2 万吨，2021 年棕榈油净出口量为 2 万吨（图 2-49），近几年棕榈油逐渐从进口商品转变为出口商品。棕榈油的进出口价格相差较大，2021 年进口价格和出口价格相当，约 1 000 美元/吨。

2019 年年底，两家新的原棕油精炼厂投入使用。Jolaks（每天生产 300 吨原棕油）和 Kissi 精炼厂（每天生产 100 吨原棕油）。满负荷生产时，这些设施每年可加工超过 10 万吨原棕油。原棕油主要从 SOCFIN 和 Goldtree 进行本地采购，并从利比里亚和印度尼西亚进口。

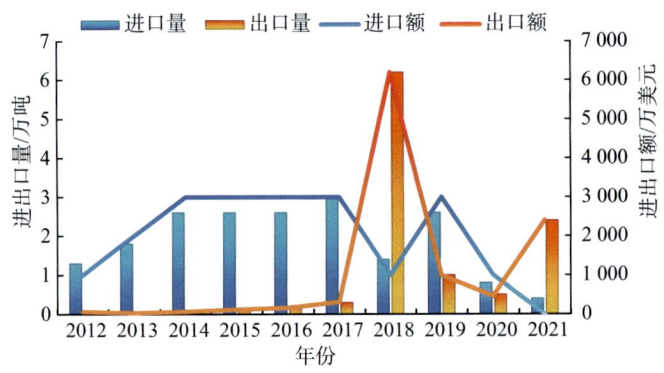

图 2-49　2012—2021 年塞拉利昂棕榈油进出口情况

（数据来源：FAO）

四、油棕种质资源鉴定和品种培育

（一）油棕资源的类型和特性

塞拉利昂的油棕主要以 Dura 和 Tenera 为主，其中红色 Dura 是塞拉利昂的特有品种，黄色 Tenera 是引进的品种。这两类品种在全国各地的野生树林、小块土地和商业种植园中均可找到。

马来西亚棕榈油委员会（Malaysian Palm Oil Board，MPOB）为丰富印度油棕的遗传基础，引入塞拉利昂的油棕种质资源，以开发适合不同农业气候条件的改良油棕品种。通过育种和改良，提高油棕的产量和油分含量，以满足日益增长的食用油需求。

通过国际合作进行油棕遗传资源的交换和研究，以实现资源共享和互利。马来西亚棕榈油委员会（Malaysian Palm Oil Board，MPOB）在 Kluang 研究站对塞拉利昂的油棕种质资源进行了评估，包括油分含量、果串比、壳果比、胡萝卜素含量等性状，分析塞拉利昂油棕种质资源的遗传多样性，以确定其在育种中的潜在价值。研究发现，塞拉利昂油棕种质资源具有一些特定的性状，例如：高油分含量（High Oil to Dry Mesocarp）、高果串比（High Fruit to Bunch）、高壳果比（High Shell to Fruit）、低自由脂肪酸（Lower Free Fatty Acid，FFA）、高胡萝卜素含量（High Carotene）、低垂直生长速度（Slow vertical growth）。塞拉利昂的油棕种质资源被认为对印度油棕遗传资源的丰富化具有高度的利用价值。这些资源有助于拓宽印度油棕的遗传基础，并加强作物改良计划。

（二）新品种培育单位和育种水平

塞拉利昂政府通过 2007 年议会的 SLARI 法案建立了塞拉利昂农业研究所（SLARI）。SLARI 现今是农业研究和农业技术开发机构，旨在造福农业、渔业和林业部门，并提供其他相关事项服务。全面投入运营后，SLARI 将拥有以下七个研究中心：恩贾拉农业研究中心（NARC）、Rokupr 农业研究中心（RARC）、卡巴拉园艺作物研究中心（KHCRC）、Teko 畜牧研究中心（TLRC）、弗里敦渔业研究中心（FFRC）、凯内马林业和林木作物研究中心（KFTCRC）以及马格博西土地和水研究中心（MLWRC）。

《塞拉利昂农业研究所战略计划2012—2021》中提出，油棕作为一种重要的经济作物，在塞拉利昂的农业研究中占有重要地位。尽管塞拉利昂在农业研究方面有着悠久的历史，但油棕研究和其他农业研究一样，面临着一些挑战，如研究资金不足、研究设施被战争破坏等。塞拉利昂农业研究所（SLARI）将致力于通过研究和技术创新，提高油棕等农作物的生产率、商业化和竞争力。这表明油棕研究将继续是塞拉利昂农业研究的一部分。SLARI计划通过国际合作，引入新的油棕种质资源，以丰富遗传多样性并提高油棕的生产力。这可能涉及与其他国家的研究机构和国际组织的合作。

第十节　塞内加尔

一、自然气候

塞内加尔位于非洲西部凸出部位的最西端，地处北纬12°~16°，国土面积19.7万平方千米，塞内加尔地形主要为平原，东部和东南部有丘陵高地，沿岸多起伏的沙丘。塞内加尔属热带草原气候，年平均气温29℃。9—10月气温最高，最高气温可达45℃，平均为24~32℃，1月气温最低，平均为18~26℃。一年分为旱季和雨季，11月至翌年5月为旱季，6—10月为雨季。从北至南年均降水量为300~1 000毫米。

塞内加尔的油棕主栽区是卡萨芒斯地区，位于塞内加尔南部，气候条件适宜油棕的生长。该地区有充足的降雨和温暖的气候，适合油棕种植。

二、油棕种植历史

塞内加尔的油棕种植历史可以追溯到20世纪中期。20世纪50年代，油棕的引入和种植开始在西非地区扩展，这其中包括了塞内加尔。这一时期，油棕主要是由殖民政府引进，目的是为了发展农业经济和满足对植物油的需求。20世纪60年代，独立后的塞内加尔开始重视农业发展，油棕种植逐渐成为重要的经济活动。政府制定了相关政策，鼓励农民种植油棕，以促进国家经济增长和减少对进口植物油的依赖。

20世纪80—90年代，油棕种植在塞内加尔得到了进一步的推广。政府和国际援助组织提供了技术支持和资金帮助，以提升油棕种植的规模和效率。这个时期，油棕种植成为塞内加尔农业的重要组成部分，并且开始出口。

21世纪初，随着全球对植物油需求的增加，塞内加尔的油棕种植经历了快速增长的过程。为了适应市场需求，塞内加尔不断引进新技术和改进种植方法，同时也面临环境保护和可持续发展方面的挑战。

近年来，在应对气候变化和环境保护的背景下，塞内加尔政府和相关组织努力推动油棕种植的可持续发展，减少对环境的负面影响。这包括改进种植技术、加强土地管理和保护生物多样性等措施。

三、油棕产业情况

（一）油棕种植概况

联合国粮食及农业组织（FAO）数据显示，2002年塞内加尔油棕收获面积为0.7万公顷，2021年塞内加尔油棕收获面积为1.2万公顷。2002—2021年塞内加尔油棕收获面积平均为1万公顷，总体呈上升趋势（图2-50）。塞内加尔目前单位面积产量约11吨/公顷。

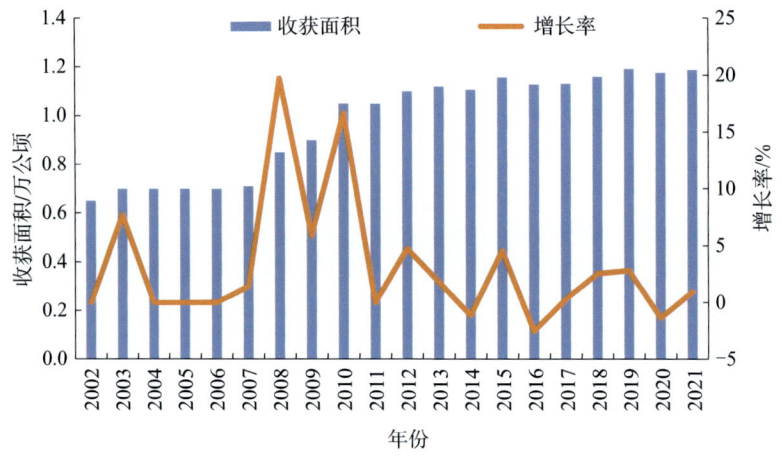

图 2-50　2002—2021 年塞内加尔油棕收获面积
（数据来源：FAO）

2002年塞内加尔的油棕产量为7万吨，截至2021年油棕产量增加至13万吨，增长85.7%，年均增长率为3.3%。2002—2021年塞内加尔油棕产量平均为11万吨，整体呈上升趋势，近年来增长率较小（图2-51）。近20年塞内加尔油棕单位面积产量在10～11.5吨/公顷（图2-52）。

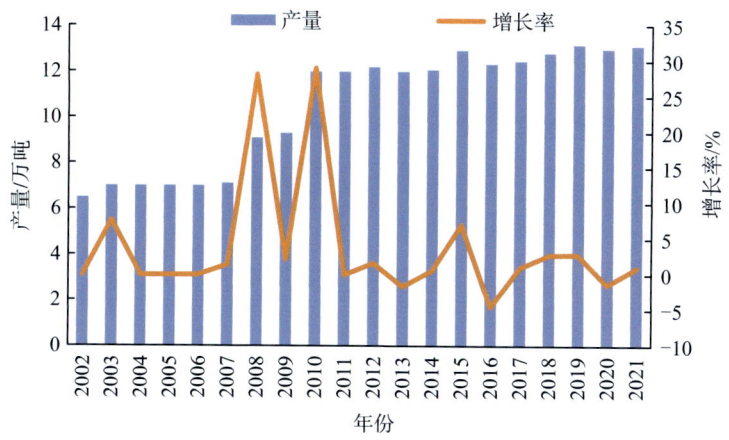

图 2-51 2002—2021 年塞内加尔油棕产量
（数据来源：FAO）

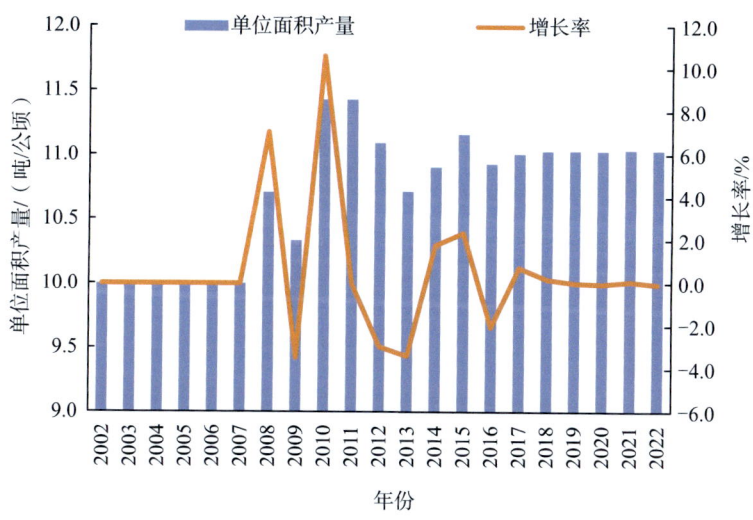

图 2-52 2002—2022 年塞内加尔油棕单产变化情况
（数据来源：FAO）

（二）棕榈油生产和消费概况

棕榈油是塞内加尔一个重要且不断增长的市场，虽然塞内加尔本身也是棕榈油生产国，但该国市场对棕榈油的需求仍在增加，其中精炼棕榈油消费量增长得更为明显。

2002—2021年塞内加尔棕榈油产量平均值为1.1万吨，近年来的产油量稳定在1.4万吨；棕仁油产量远低于棕榈油产量，2002—2021年棕仁油产量的平均值为0.3万吨（图2-53）。

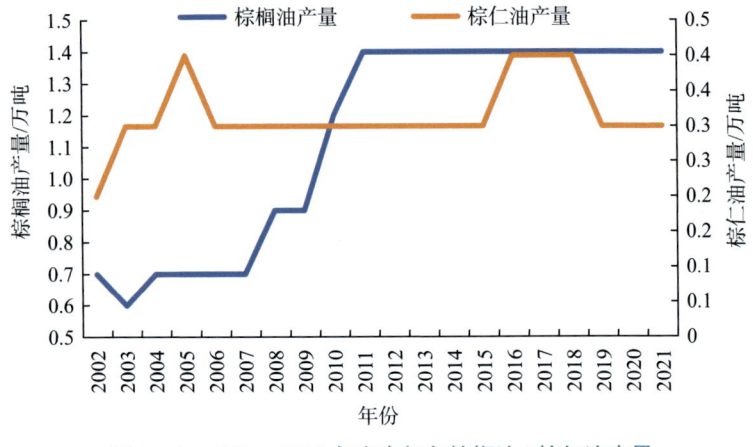

图2-53　2002—2021年塞内加尔棕榈油/棕仁油产量

（数据来源：FAO）

（三）产业贸易现状

2012—2021年，塞内加尔棕榈油的进口量均远大于出口量，这说明塞内加尔本国棕榈油产量存在较大缺口。2012年棕榈油净进口量为9万吨，2021年棕榈油净进口量为14.9万吨，其中最大值为2017年的18.9万吨，最小值为2015年的8.8万吨（图2-54）。近几年棕榈油净进口量有上升趋势。棕榈油的出口价格高于进口价格，2021年出口价格约为1 240美元/吨，进口价格约为898美元/吨。

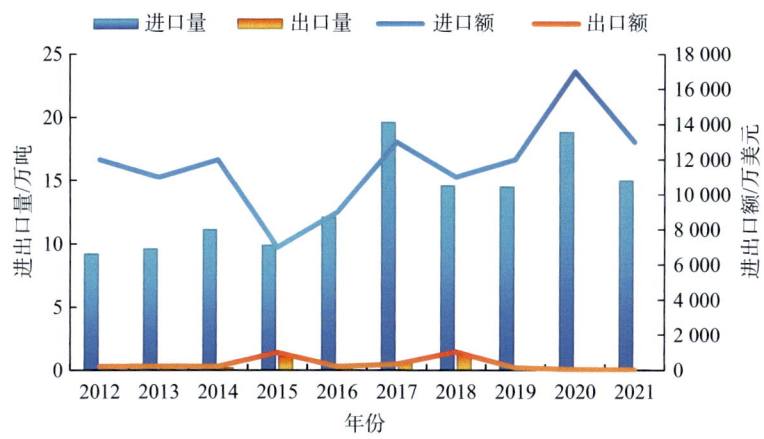

图2-54　2012—2021年塞内加尔棕榈油进出口情况
（数据来源：FAO）

塞内加尔主要进口原油和精炼棕榈油。2018年，贝宁和尼日利亚分别是塞内加尔原油进口的第二大和第三大市场；英国和美国分别是塞内加尔精炼棕榈油进口的第二大和第三大市场。2020年，塞内加尔50%以上的棕榈油进口来自加纳，20%来自马来西亚，12%来自多哥（联合国商品贸易统计数据库）。

四、油棕种质资源鉴定和品种培育

1993年7—8月，马来西亚棕榈油委员会在塞内加尔农业部的协助下在塞内加尔南部和北部地区进行了种质收集，共收集了8个种群、104个油棕果串样本，并于1996年6月在马来西亚柔佛州居銮的MPOB研究站种植。为了解这些油棕种质的遗传变异和种群结构，从而更好地利用和保护具有优良特性的种质资源，从每个棕榈树未展开的叶子中提取 DNA，并对 222 个棕榈样本进行基因分型，使用多变量分析方法（包括主成分分析（PCA）、聚类分析（UPGMA）和判别分析），来评估种质资源的遗传多样性。研究发现塞内加尔油棕种质资源在产量组成、果串质量和营养性状方面表现出显著的遗传变异。塞内加尔油棕种质具有高遗传多样性、高杂合度、遗传关系复杂、育种潜力等特性，这些种质的特性使其在油棕育种计划中具有重要的利用价值，特别是在耐旱和其他适应性特征的改良方面。

第三章

亚洲的油棕资源和品种

第一节 马来西亚

一、宜植条件

马来西亚位于东南亚，地处北纬1°~7°，国土面积33万平方千米。马来西亚全境被中国南海分成东马来西亚（简称东马）和西马来西亚（简称西马）两部分。马来西亚位于赤道附近，属于热带雨林气候和热带季风气候，终年高温多雨，无明显的四季之分。一年之中的温差变化较小。全年雨量充沛，年均降水量为2 000~2 500毫米。每年10月至次年3月为雨季，4—9月为旱季。耕地面积约485万公顷。农业以经济作物为主，主要有油棕、橡胶、热带水果等。粮食自给率约为70%。盛产热带林木。

马来西亚是全球最大的棕榈油生产国之一，其主要的油棕栽培区主要集中在以下几个州。沙巴州（Sabah）：沙巴是马来西亚最大的油棕种植州之一，拥有广泛的油棕种植园。砂拉越州（Sarawak）：砂拉越是马来西亚重要的油棕种植区之一，种植面积逐年增加。霹雳州（Perak）：霹雳州在马来西亚半岛上，也是一个主要的油棕种植区，拥有许多大型种植园。吉兰丹州（Kelantan）：吉兰丹州的气候适合油棕的生长，因此也是一个重要的栽培区。彭亨州（Pahang）：彭亨州是马来西亚半岛上最大的州之一，油棕种植面积广泛。马六甲州（Malacca）：马六甲的油棕种植也在逐步发展，成为一个重要的生产区域。

二、种植历史

油棕种植在马来西亚有着悠久的历史,其商业化种植始于1917年。最初,油棕作为观赏植物于1870年被引进马来西亚。然而,由于缺乏有效的授粉媒介,早期的油棕种植产出并不高。直到20世纪80年代,联合利华利用油棕象鼻虫提高了授粉效率,棕榈油单产得到显著增长,从而推动了油棕种植的进一步发展。

马来西亚政府在推动棕榈油产业发展方面发挥了重要作用。1961年,马来西亚将棕榈油作为减贫手段,鼓励私人在老橡胶园、老椰子园中改种油棕。1968年,政府为棕榈油生产商提供了一系列减税措施,进一步促进了棕榈油产业的投资和发展。马来西亚的棕榈油产量在近10年来持续稳定增长,马来西亚和印度尼西亚生产的棕榈油占世界棕榈油总产量的85%以上。马来西亚是世界第二大棕榈油生产国,其棕榈油产量约占全世界总产量的30%。油棕树的种植面积占全国耕地的一半以上,超过500万公顷,成为马来西亚农业的主要支柱产业。

然而,随着油棕种植的不断扩张,马来西亚可供开发的土地面积日益减少,而印度尼西亚由于土地广阔且自然条件适宜,棕榈种植面积在20世纪90年代加速增长。2005年,印度尼西亚棕榈油产量首次超过马来西亚,并逐渐拉大了差距,成为棕榈油生产国的领头羊。尽管油棕种植为马来西亚带来了经济效益,但也伴随着环境问题。油棕种植园的扩张导致了热带雨林的破坏,释放了大量温室气体,加剧了气候变化,并可能增加人畜共患疾病的传播风险。为应对这些问题,沙巴政府已承诺到2025年将所有棕榈油认证为RSPO(可持续棕榈油圆桌倡议)标准,并禁止为扩大油棕生产而进一步砍伐森林。马来西亚棕榈油行业的发展也受到了国际市场的影响，随着全球对棕榈油需求的增长，棕榈油产业经历了近15年的高速发展，利润维持在非常高的位置。马来西亚的棕榈油生产效率比其他作物更高，2017年销售棕榈果的毛利率达到141%。

目前马来西亚共有约590万公顷油棕园，占总国土面积约18%，占全球油棕种植总面积的33.75%，占马来西亚全国农耕面积的50%。其中沙巴州种植面积最大，达120万公顷，占马来西亚油棕种植总面积的30%。马来西亚的油棕种植历史是一段与国家经济发展、环境保护以及国际市场紧密相连的历史。尽管面临挑战，马来西亚仍在寻求可持续的棕榈油生产方式，以平衡经济发展和环境保护的需求。

三、油棕产业情况

（一）油棕种植概况

马来西亚是世界第二大棕榈油生产国。FAO数据显示，2002年该国油棕收获面积为367万公顷，占全球油棕收获面积的30.58%；2022年该国油棕收获面积为514万公顷，占全球油棕收获面积的16.67%。2002—2022年马来西亚油棕收获面积平均为470万公顷，总体呈上升趋势，但上升幅度逐渐减小（图3-1）。

马来西亚政府为了回应公众对棕榈油生产环境问题的关切，已经禁止开发原始森林和泥炭地种植油棕，并在2019年承诺未来5年油棕种植面积将被限制在650万公顷之内。政府虽提供经费支持翻种，但政策效果有限，且受疫情和原油价格影响，棕榈油价格和种植利润率出现下滑，影响了种植者翻种的积极性。

图 3-1 2002—2022 年马来西亚油棕收获面积
（数据来源：FAO）

2002 年马来西亚的油棕产量为 5 955 万吨，截至 2021 年油棕产量增加至 9 250 万吨，增长 55.33%，年均增长率为 2.23%。2002—2022 年该国油棕产量平均为 8 709 万吨，总体呈上升趋势（图 3-2）。

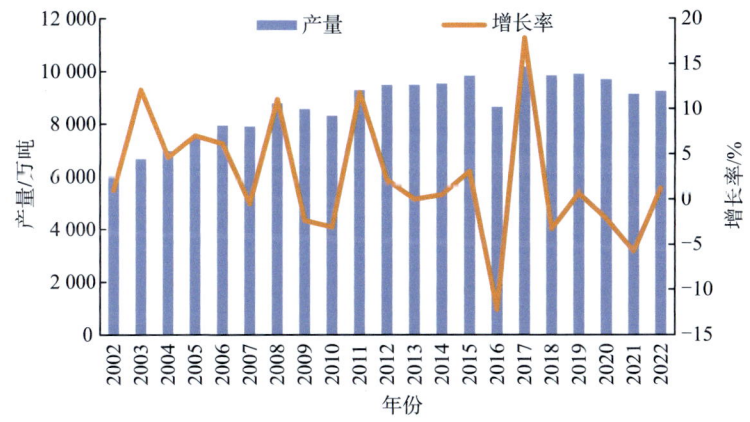

图 3-2 2002—2022 年马来西亚油棕产量
（数据来源：FAO）

2002—2022 年马来西亚油棕单位面积产量在 16~20 吨/公顷的范围内波动。单产水平主要会受到树龄结构、养护施肥条件、天气条件等因素的影响。油棕在栽种后 3~4 年开始结果，4~7 年产量逐年增加，7～14年后进入旺产期，15～18年后产量逐渐衰退，马来西亚油棕种植产业发展较早，油棕树龄整体偏老化，平均树龄已超过15年，进入产量衰退期，导致近几年单产整体处于下滑趋势中。劳动力短缺导致油棕种植园无法得到较好的养护管理，尤其是在除草、杀虫、修枝等影响油棕产量的方面。马来西亚油棕种植业极度依赖外籍劳工，80%以上的工人来自海外，早在新冠疫情暴发之前该国油棕种植业就存在劳工短缺问题，新冠疫情导致种植园劳工缺口进一步扩大。2015—2019年棕榈油价格整体低迷，导致许多种植园在采取低肥料投入策略，这也对油棕单产水平造成了不利影响（图3-3）。

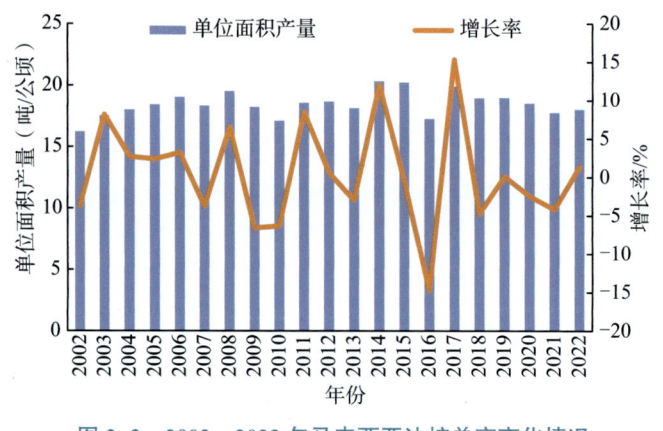

图3-3 2002—2022年马来西亚油棕单产变化情况

（数据来源：FAO）

（二）棕榈油生产和消费概况

2002—2021年马来西亚棕榈油和棕仁油的变化趋势相同，但棕仁油的产量远低于棕榈油，棕榈油产量平均值为1 743万吨，棕仁油产量平均值为204.8万吨（图3-4）。2016年，2018年和2021年棕榈油和棕仁油产量的下降均与单产水平下降有关。

图 3-4　2002—2021 年马来西亚棕榈油 / 棕仁油产量
（数据来源：FAO）

（三）贸易投资现状

马来西亚是棕榈油出口大国，2012—2021 年该国棕榈油的出口量均远大于进口量（图 3-5），且棕榈油的进口价格与出口价格相当，2021 年进口价格约为 1 048 美元 / 吨，出口价格约为 1 051 美元 / 吨。马来西亚的棕仁油进出口量均远小于棕榈油，但出口量仍大于进口量（图 3-6）。

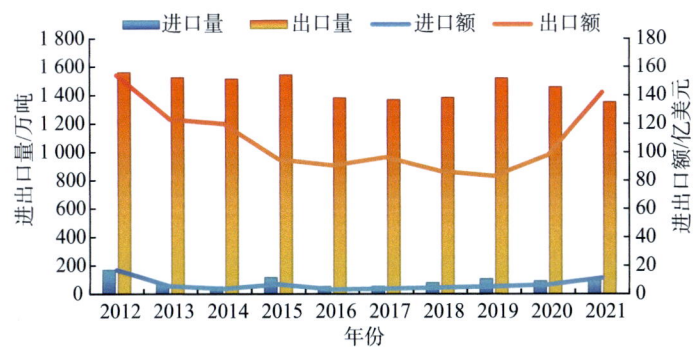

图 3-5　2012—2021 年马来西亚棕榈油进出口情况
（数据来源：FAO）

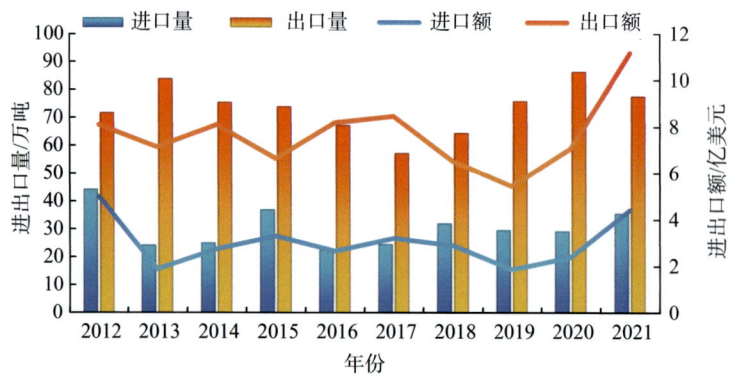

图3-6 2012—2021年马来西亚棕仁油进出口情况

（数据来源：FAO）

四、种质资源鉴定和品种培育

（一）油棕资源的类型和特性

马来西亚在20世纪60年代开始对油棕种质进行搜集，马来西亚棕榈油研究所（Palm Oil Research Institute of Malaysia，简称PORIM）收集来自尼日利亚、喀麦隆、刚果（金）、坦桑尼亚、马达加斯加、安哥拉、塞内加尔、冈比亚、塞拉利昂、几内亚和加纳等非洲和南美洲等地的各种野生、半野生的油棕资源，并在柔佛州居銮市建立了世界最大油棕种质资源库，面积约406公顷，保存种质约6万株，其中尼日利亚种质材料占地212公顷，种植3万多株油棕，为培育新品种提供了丰富的资源类型。在此基础上，经过60多年的育种工作，对油棕选种、提早开花结果、树身矮化、主要病虫害、含油量和品质生理、贮藏运输生理等研究项目都进行了长期、稳定和持续地研究。在育种方面，收集非洲、美洲野生和半野生的油棕种子（特别重视油棕近缘属的收集），通过常规杂交选育出许多属间、属内新品种。同时，通过生物技术进行转基因育种，选育出抗虫、抗病的高产新品种。尤其培育的 PS1—PS13 等一系列具有不同特点（如高产、抗真菌、抗虫害、高碘值、高维生素、大果粒、大果串、长果柄、矮化紧凑型等），适合不同种植条件和生产需要的油棕新品种，为马来西亚及世界油棕产业的发展奠定了基础，同时也极大地促进了世界油棕产业的发展。尤其是厚壳种（Dura）和无壳种（Pisifera），这些优良的油棕育种材料和野生种群提供了最完整、最全面的油棕遗传资源类型，是培育薄壳种的材料基础。

马来西亚棕榈油署（Malaysian Palm Oil Board，简称 MPOB）由 PORIM 与棕榈油执照局（Palm Oil Registration and Licensing Authority，简称 PORLA）于 2000 年合并成立，目前低温保存的油棕离体胚超过 34 000 个，主要来自坦桑尼亚、几内亚、马达加斯加、喀麦隆、安哥拉、塞拉利昂、塞内加尔、尼日利亚、刚果（金）等，通过组织培养技术已成为繁殖和保存油棕种质的重要途径之一。MPOB 建立油棕基因数据库，包括序列信息、功能分类、克隆信息、参考文献等，便于油棕基因信息查询，面向所有研究者开放。该数据库的大部分基因分离自 MPOB 构建的油棕 cDNA 文库群，组织分别来源于花序、中果皮、果仁、根系、芽、愈伤组织、悬浮培养胚细胞和幼年黄化苗。

（二）新品种培育

1. 新品种培育单位和育种水平

马来西亚油棕署（MPOB）是受托为马来西亚油棕行业提供服务的政府机构，其主要作用是促进和制定国家目标、政策和优先事项，以促进马来西亚油棕产业的福祉。于 2000 年 5 月 1 日根据议会法案（第 582 号法案）成立，通过合并接管了马来西亚棕榈油研究所（PORIM）和棕榈油注册和许可局（PORLA）的职能。作为马来西亚官方负责监管和促进棕榈油产业发展的重要机构，成为油棕行业的守护者。MPOB 致力于推动研究与发展（R&D）及全产业链服务，以确保这一产业对马来西亚经济的支柱作用得到充分发挥。MPOB 通过技术创新和推广，支持油棕产业的上游增长，其正面效应将沿着整个价值链传导，助力满足全球日益增长的食物和能源需求。

马来西亚国民大学（UKM）在油棕研究方面有着重要的贡献，特别是在油棕种质资源的收集和新品种培育方面处于世界领先地位。此外，中国热带农业科学院椰子研究所的专家也曾赴马来西亚执行"油棕育种亲本及育种技术引进"任务，进一步促进了中马在油棕研究领域的合作与交流。

马来西亚的 IOI 集团，全称为 Acidchem International SDN. BHD.，在国际上通常被称为 IOI 集团。这家公司在马来西亚的吉隆坡股票交易所上市，是一家具有重要影响力的上市公司，尤其在棕榈油行业。作为 IOI 集团有限公司的重要组成部分，油脂化学部在集团的业务版图中占据核心地位。IOI 集团是棕榈油行业的领导者，其业务多元化，涉及上游的种植活动，包括经营大型的油棕榈种植园。这为集团提供了丰富的原材料来源，用于其下游的制造业，如炼油厂、油脂化学品以及特种油脂的生产。这些产品线的扩展，反映了 IOI 集团在棕榈油产业链的深度参与和专业能力。集团拥有 96 座棕榈种植园和 15 个棕榈油工厂，超过 17 万公顷土地面积，年产量超过 270 万吨，产品畅销全球 85 个国家和地区。

Sime Darby 集团拥有 200 多年历史，其前身是 Alexander Guthrie 在新加坡创立的 Guthrie & Co，是东南亚最早的英国贸易公司之一。1920 年代收购了柔佛州 Mengkibol 的物业，种植了非洲油棕 Elaeis Guinaeensis，首次进入油棕行业，并于 1930 年代成立马来西亚油棕有限公司。目前，森那美种植有限公司是全球最大的棕榈油生产商之一，为马来西亚国有企业。该公司每年生产约 249.6 万吨粗棕榈油，占到全球粗棕榈油产量的 4%。其油棕种植面积超过 60 万公顷，为全球最大。

FGV Holdings Berhad 公司是一家在马来西亚注册成立的农业综合企业集团，专注于油棕榈种植园和炼油厂、橡胶生产和糖制品。FGV 经营的业务包括种植业、糖业、物流、橡胶和现金作物等。在油棕产业方面，FGV 管理着位于马来西亚和印度尼西亚的总计约 439 725 公顷的土地，每年生产大约 300 万吨的原油棕榈（CPO）。此外，FGV 还涉足下游业务，确保上游业务生产的原油棕榈有稳定的市场和销售渠道。FGV 在油棕育种方面也有显著的成就，致力于通过研究与发展来提升油棕的产量和质量。作为马来西亚最大的标准马来西亚橡胶（SMR）生产商之一，FGV 在橡胶业务方面拥有超过 50 年的经验。此外，FGV 还涉足贸易业务，进一步扩大其业务范围。FGV 的油棕上游业务是集团最大的收入来源，也是公司的核心业务。通过不断的技术创新和研发，FGV 致力于提高油棕产业的效率和可持续性。FGV 的业务不仅对马来西亚的经济发展起到了重要作用，也为全球油棕市场的发展做出了贡献。

2. 品种特性

（1）Deli dura

Deli dura 是油棕的一个重要母本，起源于 1848 年 4 粒运至印度尼西亚爪哇岛 Bogor 植物园的 dura 油棕种子，成为了 Deli dura 的祖先，其后代随后被散播至马来西亚、巴布亚新几内亚、哥斯达黎加等国家。该品种在全球油棕种子产量中占有很高的比例，被广泛用于油棕的种植，现今全球油棕种子中近 90% 来源于 Deli dura 品种。Deli dura 中的 Deli 是印度尼西亚的一个地名，两者合称说明品种来自 Deli。各地区的 Deli dura 品种性质有所差异，例如 Dumpy Deli、Gunung Melayu Deli 及 Tumbuk Deli 是长高势较为缓慢的品种。Deli dura 也可采用其他名词表示，如 Kulai（意指品种来自 Ulu Remis dura×Yangambi tenera）。

严格来讲，种植材料纯度较高能够使产量维持在较为良好的水平，因此，在育种中均采用标准规范来严控其遗传纯度，降低材料受到污染的风险，这是 Deli dura 能在百余年历史中持续繁殖且仍能保持固有性状的原因之一。还有部分原因是许多品种改良项目的成功，使 Deli dura 原有的产能性状得到提升。这种标准规范称为原产地限制繁殖种群（Breeding Populations of Restricted Origin，BPRO），可以用来追踪各 Deli dura 品种的源头，包括原产地野生及未经改良的有关品种。然而，在漫长的发展过程中，一些无法避免的近亲交配现象在 Deli dura 品种中发生，如 Serdang Avenue 的 Deli dura，经数十年的演变后丧失了其原本的纯度。目前，仅 NIFOR 机构保存着原始的 Serdang Avenue Deli dura 品种。虽然原本的纯度有所消失，但其质量并未表现下降，反而经过改良后的相关品种质量有所提升。

（2）Pisifera 系列

该品种主要产花粉，因此有公树等俗称。可分为 3 种类型：一是不育 Pisifera，有时会长出一些果实，但果实通常都会腐烂，其植物性成长异常活跃，造成树体积比周遭同龄树大许多。二是能长出少许果实的 Pisifera，其植物性成长比前者略少。三是正常生育的 Pisifera，此类非常少见。D×P 父本为 Pisifera，Pisifera 的果粒中没有果仁壳，当其作为父本与具有厚果仁壳的 Deli dura 杂交后，所产出的 Tenera 品种的果仁壳为薄壳，从而增加中果层积量，并提高中果层含油量，具有较高的经济价值。

Pisifera 作为父本，培育了一系列杂交组合或品种，如 AVROS/SP540 Pisifera、Yangambi、La Me 等。每个品种表现特性不同，如有的种类长高速度较快，有的种类则较慢，枝干长度也有所不同。因此当其与 dura 母本杂交后，所产出的品种各方面表现有所差异。现今用来生产 D×P 种子的 Pisifera 已是通过和数种 dura 或 tenera 杂交后改良而成。各 Pisifera 品种之间也有不同之处，如 AVROS pisifera 结果串较早，树体长高较快，鲜果串产量及产油量较高，是远东国家及种子生产商广泛采用的油棕雄株种类。Yangambi pisifera 树体长高能力相比 AVROS 缓慢，但具有多果量、多油量、果串体积中等等特点。La Me pisifera 包括 L2T 在内的树体长高较慢。

（3）AVROS 品系

阿尔格美内橡胶种植者协会（AVROS）的研究人员于 1923 年在扎伊尔［今刚果（金）］的 Eala 植物园收集了性能较好的 Djongo 油棕种子，并将其种植在苏门答腊的 Sungai Pancur（SP）。这些种子繁衍出著名的 SP540 tenera（T）油棕。将其在 Bangun Bandar 实验站与 T 交配，随后与 SP540 自交的油棕树进行回交，生产出了 BM119 及 AVROS 品种。AVROS Ps 以其生长旺盛、结果早、壳薄、果肉厚和产油量高而闻名。在西非、哥伦比亚、印度尼西亚、马来西亚和巴布亚新几内亚使用的主要商业杂交种子产生于 Deli D×AVROS P 系谱。尤其在马来西亚，培育了一系列高产的 AVROS 品系。

（4）Deli×AVROS

该品种是在油棕育种中使用的一个重要的雄体（Pisifera）来源。具有较早结果的特性，可以在较短的时间内开始产出油棕果串。其生长活力较好，生长速度较快，能够迅速达到生产期。鲜果串产量高且果串重量较重，油产量较高，使其在油棕种植业中成为较受欢迎的选择。与 Deli dura 交配后，AVROS 能够产生果仁壳较薄的 tenera 品种，有助于提高油的产量。AVROS 油棕作为雄体参与交配，能够带来遗传上的多样性，对于油棕的育种和改良非常重要。由于其高产特性，AVROS 在全球油棕产业中具有重要的经济价值。AVROS 在油棕研究中被广泛使用，其特性被用于开发新的油棕品种，以提高油棕的整体产量和油质量。这些特性使得 Deli AVROS 油棕在全球油棕种植中占有重要地位，尤其是在东南亚国家，如马来西亚和印度尼西亚等油棕主要生产国。

（5）Yangambi

该品种育种使用了来自 Djongo T 油棕和 Yawenda、N'gazi 以及 Isangi 地区的自然授粉种子。其生长势强，果实大，油产量高。Yangambi 群体还被用作许多育种计划中的父本，其血统在全球许多育种群体中有所体现，例如马来西亚（AAR，FELDA），印度尼西亚（SOCFINDO，IOPRI），西非（La Me）。Yangambi 16R 是一种矮小的变种，也出现在许多育种群体中。D×P Yangambi 杂交种由 Deli dura 和 Yangambi 杂交获得，来源于 Pisifera，该杂交种具有果串数多、果串体积中等、果串刺较少、产油量高、果实由中型到大型不等、果实含量高和果仁大小适中等特点，这些特点非常适合于马来西亚的油棕产业。试验表明，以 D×P Yangambi 杂交种作为亲本的杂交后代，产油量表现出更高水平。FGV 旗下 FASSB 公司生产出 Yangambi 3-Way 品种，其母本为 Dura，父本为 Pisifera，其果串数多、果串大小适中、产油量高。D×P PPKS 718 比其他 Yangambi 品种的果串更重。D×P PPKS 239 则具有更高的 CPO 和 PKO 产量，适合食品和非食品工业。

（6）Binga

Binga 是 Pisifera 雄体树的一种，作为父本它与 Deli dura 交配后产出的油棕品种具有薄果仁壳，中果层含油量较高。Binga 具有较早结果串的特性，可以较快地进入产油期，且鲜果串产量较高。其生长速度较快，树高较高，有助于提高光照接收面积，从而可能提高光合作用效率。

（7）Calix 600（Deli Dura×AVROS Pisifera）

果串中等（10.27 千克/串），果肉占整个果实的比例高达 85.98%，果串含油率 33.87%，年产油量高达 8.30 吨/公顷，高产。

（8）GH500（Banting Dura×Ulu Remis Pisifera）

果串中等（11.58 千克/串），果肉占整个果实的比例高达 81.03%，果串含油率 31.3%，年产油量高达 8.82 吨/公顷，高产。

（9）CPS3

CPS3 是一种优质的无性繁殖复制的油棕品种，能够提高生产率和鲜果串（FFB）的产量，出油率 32%～33%，年产油量达 11.3 吨/公顷，高产。

第二节 印度尼西亚

一、宜植条件

印度尼西亚位于亚洲东南部，地处北纬6°至南纬11°，国土面积191.4万平方千米。印度尼西亚的气候特征主要表现为热带雨林气候，具有全年高温多雨的特点。年平均温度大约在25~27℃，没有明显的四季之分。一年内各月平均气温在24~28℃变化，年温差一般不超过5℃。此外，印度尼西亚全年湿度较高，例如亚马逊河下游的相对湿度年平均达到90%以上。

印度尼西亚的油棕主栽区主要集中在苏门答腊岛和加里曼丹岛（印度尼西亚部分婆罗洲）。苏门答腊岛棕榈油产量占印度尼西亚总产量的大约80%，包括北苏门答腊、西苏门答腊、廖内省、南苏门答腊、朋姑露、楠榜、占俾、亚齐、邦加勿里洞等地。此外，加里曼丹岛上也有油棕的主要种植区，包括东加里曼丹、南加里曼丹、中加里曼丹、西加里曼丹。其他地区如西爪哇、南苏拉威西、中苏拉威西、东南苏拉威西、巴布亚省等也有油棕种植。廖内省棕榈油产量占全国产量的21%，中加里曼丹省占比15%，北苏门答腊省占比13%，南苏门答腊省占比8%，东加里曼丹省占比8%，产量前五的省份合计占全国产量的65%。

二、油棕种植历史

印度尼西亚的油棕种植历史可以追溯到20世纪初，当时油棕作为观赏植物被引入。20世纪60年代，随着印度尼西亚进入苏哈托统治下的"新秩序",政府开始全力支持外国公司及投资进入油棕开发。到了70年代,印度尼西亚已经开辟了大约15万公顷的种植园。随着世界银行和亚洲开发银行的进一步投资,到1985年这一数字已增加到60万公顷。油棕种植园的扩张在很大程度上得益于国际市场对棕榈油产品的需求,棕榈油产业已成为印度尼西亚经济的重要组成部分,对GDP增长的贡献率为4.5%,并且使数百万印度尼西亚人摆脱贫困。

然而,油棕种植园的快速扩张也带来了环境和社会问题。过去20年来,油棕种植园的扩张是印度尼西亚毁林的一大原因,导致印度尼西亚丧失了大量森林,包括原始森林和泥炭地。这种毁林行为加剧了全球气候变化和生物多样性丧失,并导致空气质量变差。尽管如此,印度尼西亚在持续扩大棕榈油生产规模的同时减少了毁林。2018—2020年,印度尼西亚为生产棕榈油每年毁林45 285公顷,仅为2008—2012年峰值的18%。

近年来,印度尼西亚棕榈油生产导致的毁林主要集中于婆罗洲和巴布亚等森林丰富的省份。巴布亚省的棕榈油产量在2018—2020年期间翻了近一番,相关毁林风险也因此增加了25%。印度尼西亚政府和油棕种植公司在巴布亚省的投资增加,以及道路建设项目的推进,可能会进一步促进土地开发和油棕种植园的扩张。

未来,印度尼西亚面临的挑战是如何在满足市场对棕榈油产品不断增长的需求的同时,确保毁林持续减少,保护环境和土著居民的权益。

三、油棕产业情况

(一)油棕种植概况

印度尼西亚在全球油棕种植面积、棕榈油生产和出口中占据着举足轻重的地位，近年来棕榈油产量稳居世界第一。根据联合国粮食及农业组织数据显示，2002年该国油棕收获面积为279万公顷，占全球油棕收获面积的23.25%；2022年该国油棕收获面积为1 495万公顷，占全球油棕收获面积的48.49%（图3-7）。

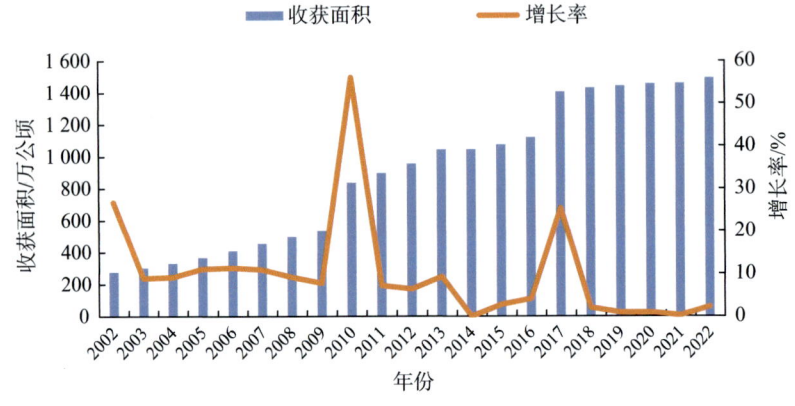

图3-7 2002—2022年印度尼西亚油棕收获面积

（数据来源：FAO）

印度尼西亚政府为了保护环境和生物多样性，实施了一系列限制油棕种植的政策，因此近年来油棕种植面积没有明显增长。印度尼西亚在2018—2020年成功减少了棕榈油生产导致的毁林，并且有意识地减少油棕种植园对原始森林的侵占。此外，印度尼西亚政府也参与了国际性的环境保护协议，如在《联合国气候变化框架公约》第二十六次缔约方大会（COP26）上签署的《关于森林和土地利用的格拉斯哥领导人宣言》。

2002年印度尼西亚的油棕产量为4 680万吨，2022年油棕产量增加至25 683万吨，增长448.78%，年均增长率为8.89%（图3-8）。2002—2022年该国油棕产量平均为15 590万吨，总体呈上升趋势。

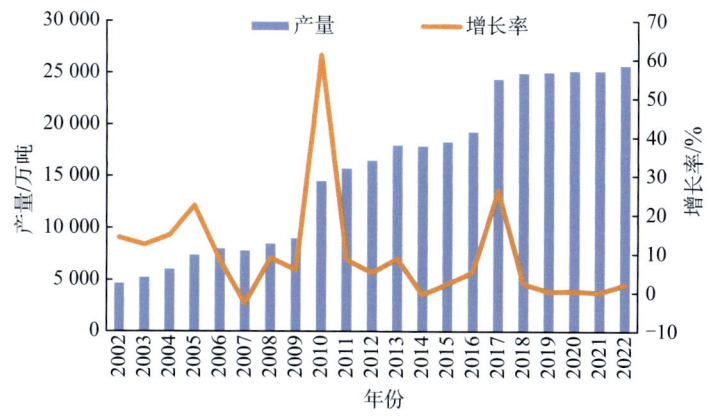

图 3-8　2002—2022 年印度尼西亚油棕产量
（数据来源：FAO）

近年来印度尼西亚的油棕单产面积约为 17 吨 / 公顷，且波动幅度小（图 3-9）。

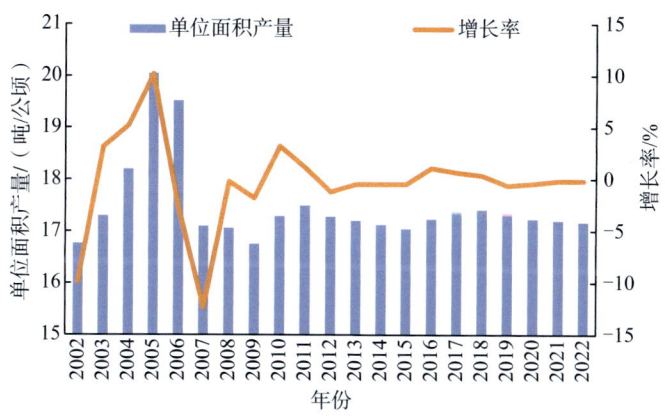

图 3-9　2002—2022 年印度尼西亚油棕单产变化情况
（数据来源：FAO）

（二）棕榈油生产和消费概况

2002—2021 年印度尼西亚棕榈油和棕仁油的变化趋势相同（图 3-10），棕榈油产量约为棕仁油产量的 10 倍。棕榈油产量平均值为

2 628 万吨，近年来增长趋势放缓；棕仁油产量平均值为 279 万吨。

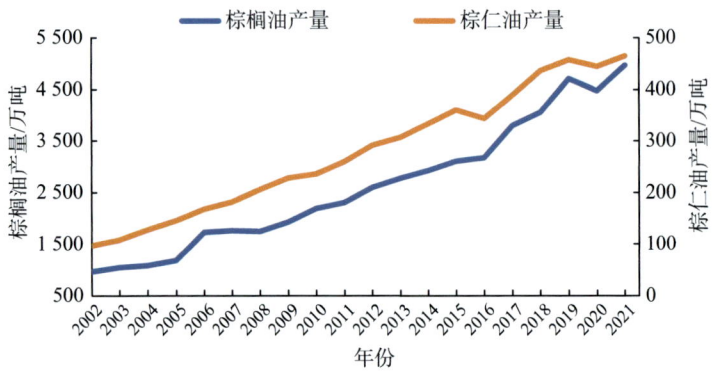

图 3-10　2002—2021 年印度尼西亚棕榈油/棕仁油产量

（数据来源：FAO）

（三）产业贸易现状

印度尼西亚是棕榈油出口大国，2012—2021 年该国棕榈油的出口量均远大于进口量（图 3-11），每万吨棕榈油的进口价格远高于出口价格，2021 年进口价格约为 1 909 美元/吨，出口价格约为 1 044 美元/吨。

图 3-11　2012—2021 年印度尼西亚棕榈油进出口情况

（数据来源：FAO）

四、油棕种质资源鉴定和品种培育

（一）新品种培育单位和育种水平

印度尼西亚油棕研究中心（IOPRI）根据 DPH-AP 31 号第 084/Kpts/DPH/XII/1992 号法令成立，由三个研究机构合并而成，即美丹种植研究中心（Puslitbun）、Marihat Puslitbun 和 Bandar Kuala Puslitbun。1993—2009 年，IOPRI 在印度尼西亚种植研究院（LRPI）的协调下运作，LRPI 是一个由 PT Perkebunan Nusantara（PTPN）和 PT Rajawali Nusantara Indonesia（RNI）等成员组成的印度尼西亚种植研究协会。自 2009 年 12 月 22 日起，LRPI 正式获得 PT Research Perkebunan Nusantara（PT RPN——BUMN 种植的子公司）的法人资格。PT RPN 从非公司研究管理体系转型为公司研究管理体系，并于 2010 年 2 月 5 日正式开始运营，管理 5 个研究中心和 1 个研究院。IOPRI 将很快分拆成为 PT RPN 的子公司。IOPRI 的研究领域包括 6 个研究小组，即植物育种与生物技术、土壤科学与农艺学、植物保护、产品开发与质量、工程与环境，以及社会经济技术。

（二）品种特性

（1）Dumpy

油棕品种 D×P Sungai Pancur 1（SP-1），通常被称为 Dumpy 品种，具有较低的生长高度增量（<55 厘米/年）。凭借这一特性，Dumpy 品种的经济寿命可达到 30 年或更长，超过其他品种（25 年）。Dumpy 品种的树干相对较粗，适合在水源充足的泥炭地种植。

（2）SP540

该组油棕品种包括 D×P PPKS 540、D×P Simalungun 和 D×P AVROS。这些品种源自 SP540T 的后代，通常生长迅速，果实中的中果皮含量较高。由于适应性强，这些品种可以在各种地形（平坦到起伏的地区）中种植。

（3）Langkat

D×P Langkat 是首个通过将 AVROS、Yangambi 和 Marihat 种群的 pisifera 进行重组，并与优质的 Deli Dura 杂交而产生的油棕品种。该品种的果梗相对较短，CPO 潜力可达 8.3 吨/（公顷·年）。它适合在起伏和丘陵地区种植，并在种植后 22 个月开始结果。

（4）Topaz

该系列品种由 OPRS 公司选育，主要优良品种有 Topaz 1（Dura Deli×Pisifera Nigeria）、Topaz 2（Dura Deli×Pisifera Ghana）、Topaz 3（Dura Deli×Pisifera Ekona）、Topaz 4（Dura Deli×Pisifera Yangambi）、Topaz GT（Moderate Tolerant Ganoderma）。Topaz 1~4 这 4 个品种，第 5 年 FFB 产量超过 44 吨/公顷，第 5 年或种植后 7~8 年 CPO 产量超过 13 吨/公顷，出油率大于 29%，籽粒产量大于束重的 4%。Topaz GT 是由 D×P 发展而来的新品种，对病菌具有较强的耐受性，苗圃筛选时侵染率为 45.7%，其平均 FFB 生产率为 34.5 吨/（公顷·年），CPO 生产率为 9.2 吨/（公顷·年）。

（5）Derived 和 Recombinant BPROs

由 AAR 创建的 Dumpy.AVROS（Dy.AVR）、Dumpy.Yangambi.AVROS（Dy.Ybi.AVR）、La Me × Yangambi（LM.Ybi）、Dumpy×AVROS×LM（Dy.AVR.LM）、Deli×EK/Bg（SUMBIO）等，具有高产和优质等优良特性。

（6）Deli×LaMe

该品种源自于印度尼西亚爪哇岛的 Deli 地区，1848 年，4 粒种子被运至印度尼西亚爪哇岛 Bogor 植物园，成为了 Deli dura 的祖先。Deli Lame 油棕的后代在全球范围内散播，形成了不同的遗传线和品种，如 Dumpy Deli、Gunung Melayu Deli、Tumbuk Deli 等，这些品种在生长速度和特性上有所差异。Deli Lame 作为母株用途，其经济价值在于其高产油量。Deli Lame 及其后代被广泛种植于马来西亚、印度尼西亚、巴布亚新几内亚、歌斯达黎加等国家，对全球油棕产业有着重要影响。在育种研究中也占有一席之地，通过与其他品种的交配，可以培育出具有不同特性的新品种，如抗病性、矮种性、油脂品质等。Deli Lame 及其交配种在全球范围内的产量表现有详细的记录，不同地区的产量表现可能因地理环境、气候条件等因素而有所不同。

第三节　泰国

一、自然气候

泰国位于中南半岛中南部，地处北纬 5°27′~20°27′，国土面积 51.3 万平方千米。泰国位于热带地区，全国大部分地区属热带季风气候，全年明显分为热季（2 月至 5 月中旬）、雨季（6 月至 10 月中旬）和凉季（11 月至翌年 2 月）3 个季。全年平均气温 27.7℃，最高气温可达 40℃以上。年平均降水量为 1 100 毫米。平均湿度为 66%~82%。

泰国油棕种植主要集中在南部地区，其土壤质量适合油棕种植。

尽管与其他地区相比，南部地区的可用种植面积较低。

二、油棕种植历史

泰国的油棕种植历史可以追溯到20世纪初。当时，东南亚地区开始引进油棕进行种植。在泰国，油棕逐渐成为一种重要的经济作物。泰国的气候和土壤条件比较适合油棕的生长。随着时间的推移，油棕种植在泰国得到了一定的发展，泰国也成为了棕榈油的生产国之一。然而，具体的发展历程可能受到多种因素的影响，如市场需求、政策支持、技术进步等。和其他棕榈油生产国一样，泰国的油棕种植也面临一些挑战和问题。例如，油棕种植的扩张可能对环境产生影响，包括森林砍伐等。为了实现可持续发展，泰国也在探索相关措施，以平衡经济利益与环境保护之间的关系。近年来，泰国在油棕种植和棕榈油产业方面可能继续进行技术改进和产业优化，以提高产量和质量，并应对市场的变化和需求。

三、油棕产业情况

（一）油棕种植概况

根据FAO显示，2002—2021年泰国油棕每年的收获面积呈上升趋势（图3-12），平均值约为58万公顷。泰国政府为了提高能源安全和减少对化石燃料的依赖，推出了支持生物柴油生产的政策，鼓励使用棕榈油作为生物燃料的生产原料。这些政策促进了油棕种植面积的扩大。

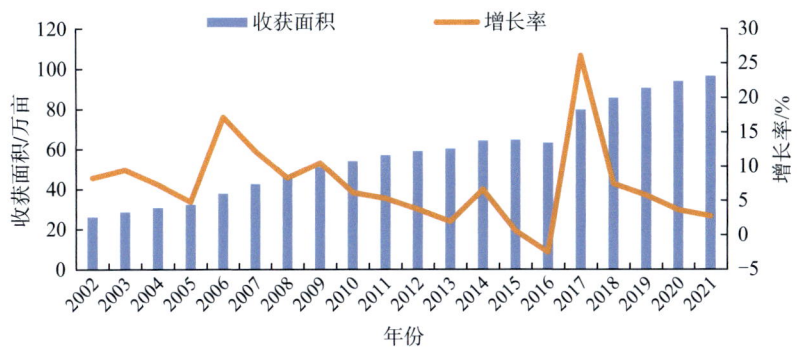

图 3-12　2002—2021 年泰国油棕收获面积

（数据来源：FAO）

2002 年泰国的油棕产量为 400 万吨，截至 2021 年油棕产量增加至 1 690 万吨（图 3-13），增长 322.5%，年均增长率为 7.88%。2002—2021 年该国油棕产量平均为 1 034 万吨，总体呈上升趋势。

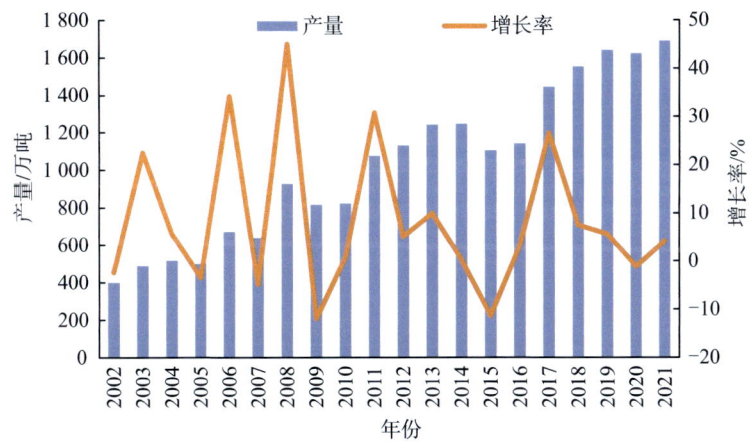

图 3-13　2002—2021 年泰国油棕产量

（数据来源：FAO）

2002—2021 年泰国的油棕单产约为 17.5 吨/公顷，且波动幅度小（图 3-14）。

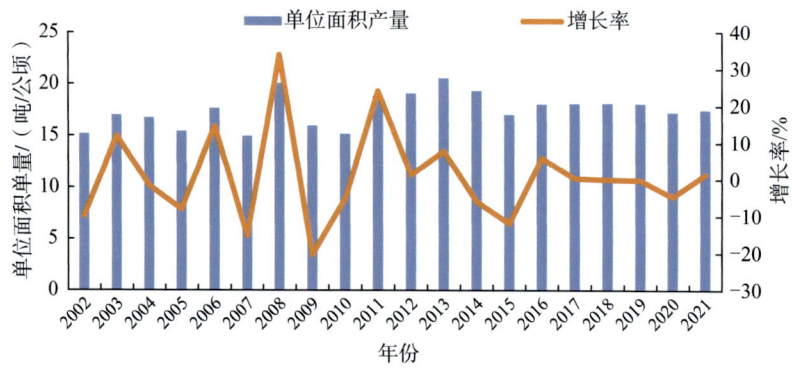

图 3-14　2002—2021 年泰国油棕单产变化情况
（数据来源：FAO）

（二）棕榈油生产和消费概况

2002—2021 年泰国棕榈油和棕仁油的变化趋势相同，棕榈油产量约为棕仁油产量的 10 倍（图 3-15）。棕榈油产量平均值为 174 万吨，棕仁油产量平均值为 16 万吨。

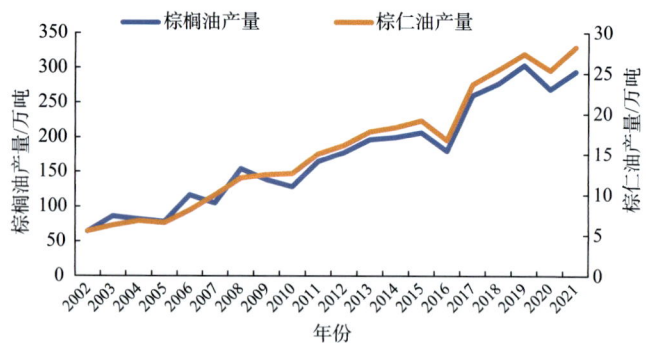

图 3-15　2002—2021 年泰国棕榈油 / 棕仁油产量
（数据来源：FAO）

（三）产业贸易现状

2012—2021 年该国棕榈油的出口量均远大于进口量（图 3-16），

棕榈油的出口价格远高于进口价格，2021年进口价格约为858美元/吨，出口价格约为1 169美元/吨。泰国的棕仁油进出口量均远小于棕榈油，且出口量仍大于进口量（图3-17）。

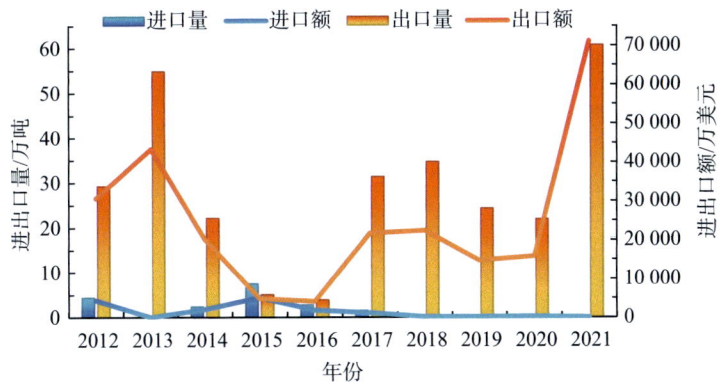

图3-16　2012—2021年泰国棕榈油进出口情况

（数据来源：FAO）

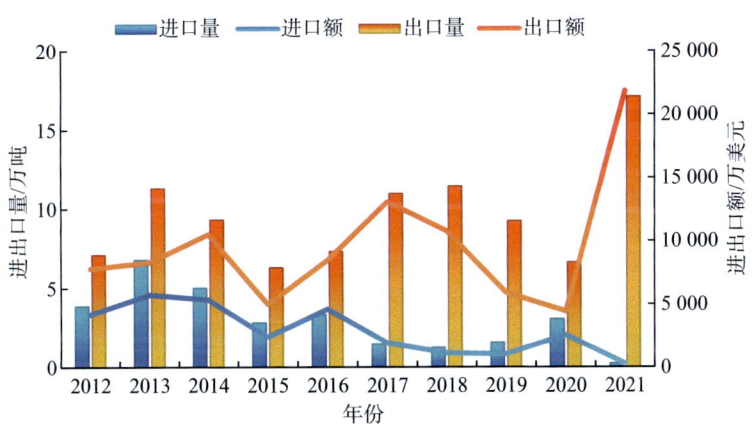

图3-17　2012—2021年泰国棕仁油进出口情况

（数据来源：FAO）

四、油棕种质资源鉴定和品种培育

（一）新品种培育单位和育种水平

泰国油棕研究中心是一个专注于油棕作物研究的机构，其研究领域包括油棕的种植、育种、生物技术、病虫害防治、油棕产品的加工和利用等。

泰国农业大学（Kasetsart University）也在油棕研究方面取得了一系列成果。泰国农业大学的研究团队应用教学—学习优化算法，设计了 100 千瓦的油棕空果串热解电厂，旨在最大化经济效益和最小化环境影响；使用真菌分离物 K20，从发酵油棕空果串中生产富马酸，比较了游离细胞和固定化细胞的生产效率，并成功放大了生产过程。除此之外，泰国农业大学还进行了油棕种植园土地适宜性评估，研究显示南部地区的土壤质量最适合油棕种植。

（二）品种特性

（1）Goleden Tenera

该品种产量较高，且鲜果串产油量可达 26.1%，对农民来说具有较高的经济价值。同时这一品种表现出良好的适应性，能够提供稳定和较高的产量，尤其在泰国南部地区。

（2）Uthani Palm

该品种叶柄长度较长，平均为 552.0 厘米，叶柄宽度（LW）和叶柄深度（PD）分别为 73.7 毫米和 5.8 毫米。平均叶数（LN）为 318.9 片，与其他品种相比较多。

（3）Surat Thani 2

该品种叶柄长度（RL）为513.0厘米，属中等偏上的水平。小叶长度（LL）和宽度（LW）分别为76.7毫米和5.6毫米，平均叶数（LN）为321.7片，叶片数量较多。

（4）Sap Mor.1

该品种的单株产量可达204.8千克/年，其叶柄长度（RL）为511.0厘米，小叶长度（LL）和宽度（LW）分别为76.5毫米和5.6毫米，平均叶数（LN）为293.0片。

第四节　印度

一、自然气候

印度是南亚次大陆最大的国家。国土面积298万平方千米（不包括中印边境印占区和克什米尔印度实际控制区等），居世界第十位。印度东北部同中国、尼泊尔、不丹接壤，东部与缅甸为邻，东南部与斯里兰卡隔海相望，西北部与巴基斯坦交界。东临孟加拉湾，西濒阿拉伯海，海岸线长约8 000千米。森林67.8万平方千米，覆盖率为20.6%。

印度南部属热带季风气候，北部为温带气候，一年分为凉季（10月至翌年3月）、暑季（4—6月）和雨季（7—9月）三季。印度年平均气温在22℃以上，最冷月一般在16℃以上，年降水量各地差异很大，年降水量2 000~4 000毫米不等。2021—2022年种植面积为8万公顷，年产棕榈油20余万吨。

二、油棕种植历史

油棕第一次被引入印度是1971年在安得拉邦，1973年，在气候较为湿润的尼科巴和安达曼群岛上也开始种植，1848年被引入加尔各答植物园，与引入茂物的时间相同。但由于印度大部分地区的气候不适宜油棕生长，这种作物直到20世纪末才得以发展。自1991年以来，印度用于油棕种植的土地经历了30倍以上的增长。油棕面积从1991—1992年的8 585公顷增加到了2020—2021年的37万公顷。油棕在安得拉邦、卡纳塔克邦和马哈拉施特拉邦等地都不能完全依靠雨水生长，虽然在旱季可以进行人工灌溉，但产量仍然受影响，目前尚不清楚在现有的种植面积中有多大比例是进行灌溉的。

尽管做出了诸多努力，但印度油棕种植领域的增长一直较为缓慢。官方数据显示，其油棕种植面积从1991—1992年的8 585公顷增加到2018年的33.1万公顷。然而，2017—2018年印度的棕榈油产量仅达到25万吨，而国内需求超过1 000万吨。印度的一些大公司，如ITC、Godrej Agrovet和Ruchi Soya等，也在本国从事油棕种植。它们的许多种植园与地方政府合作，主要集中在南部的安得拉邦、泰伦加纳邦、卡纳塔克邦和泰米尔纳德邦等沿海地区。

为了减轻人们对森林砍伐的担忧，印度棕榈油生产商表示，国内的生产集中在上述地区，并且扩张的种植园都是在已经退化的土地或此前用于种植棉花和水稻等耗水经济作物的区域。2014年，联邦政府发起的"油籽和油棕国家使命"（NMOOP）计划，重点是在河流流域和荒地扩大油棕种植园。该计划的最新目标是截至2020年3月，将油棕种植面积再增加10.5万公顷，使种植总面积达到42万公顷，不过其目标实现情况的官方数据尚未公布。

三、油棕产业情况

（一）油棕种植概况

安得拉邦、特伦甘纳邦和喀拉拉邦是主要的油棕种植区，占总产量的 98%。卡纳塔克邦、泰米尔纳德邦、奥里萨邦、古吉拉特邦和米佐拉姆邦也有相当大的油棕种植面积。最近，阿萨姆邦、曼尼普尔邦和那加兰邦也启动了油棕种植计划。印度油棕研究所（IIOPR）的评估委员会在 2020 年评估了印度适合种植油棕的总面积约为 280 万公顷。

（二）棕榈油生产和消费概况

2020—2021 年，用于提取油棕的鲜果串（FFBs）产量从 0.21 万吨增加到了 168.9 万吨，粗棕榈油（CPO）产量从 0.01 万吨增加到了 27.2 万吨。

（三）产业贸易现状

印度依赖进口来满足其食用油需求，是世界上最大的食用油进口国。2020—2021 年，印度进口了约 1 335.2 万吨食用油，价值约为 8 万亿卢比。所有进口的食用油中，棕榈油的份额约为 56%。

四、油棕种质资源鉴定和品种培育

（一）新品种培育单位和育种水平

印度油料种子研究所（IIOR），前身为油料种子研究局，成立于 1977 年 8 月 1 日，源于全印度油料种子协调研究项目（AICORPO）的提升。该所总部设在海得拉巴的拉杰恩德拉纳加尔，负责油棕、花生、油菜种子、大麻种子、芝麻、黑芝麻、亚麻籽、蓖麻、红花和向日葵的研究工作。育有 NRCOP1 系列油棕杂交种。

（二）品种特性

（1）Tenera

该品种是杂交种，在印度被广泛栽培种植，来源于马来西亚，产量较高。与当地的尼日利亚油棕幼苗相比，Tenera 油棕的产量比来源尼日利亚油棕品种高出 500%～900%。

（2）NRCOP-4（Godavari Swarna）

产量约 30.11 吨/公顷，适宜在 West Godavari 地区（安得拉邦）和 Tungabhadra 指挥区（卡纳塔克邦）种植。

（3）NRCOP-2（Godavari Ratna）

产量约 22.69 吨/公顷，适宜在马哈拉施特拉邦地区种植，初花期约 30 个月，结果期约 35.5 个月，雌花比例约占 70%，年产果穗约 8.14 个，果穗重约 19.22 千克，果实颜色橙至深红，果粒椭圆形，果粒长约 4.6 厘米（图 3-18），果粒宽约 3.4 厘米，每公顷年产鲜果穗约 22.14 千克，果穗含油率达 24.1%，每公顷年产油量约 5.36 吨。

图 3-18　NRCOP-02

（图片来源：印度油料种子研究所）

第五节 中国

一、自然气候

中华人民共和国位于位于亚洲东部，太平洋西岸，地处北纬4°～53°，国土面积约960万平方千米。中国地域辽阔，南北跨度大，具有热带、亚热带和温带等多种热量带。热带地区全年气温较高，最冷月平均气温不低于16℃，年均温度在22℃以上；降水量丰富，雨季通常集中在夏季，降水量可达1 500～2 000毫米，但分布不均，有时会出现集中降雨。热带地区在夏秋季节可能会受到台风的影响，台风带来的强风和暴雨可能会对当地造成一定的影响。

中国油棕的主栽区主要集中在海南省和云南省的热区，这些地区的气候条件适宜油棕生长。广东和广西的部分地区也适合油棕的试行栽培。中国热带农业科学院椰子研究所、中国热带农业科学院橡胶研究所等科研单位在油棕品种选育、栽培技术等方面进行了深入研究，以支持国内油棕产业的发展。此外，中国企业也在"走出去"战略指导下，在东南亚和非洲等地区开展油棕种植，为提高食用油自给率和保障国家油料安全开辟新的途径。

中国科研单位与"一带一路"共建国家在油棕科研研究、种植技术、品种培育等方面进行了合作，推动了油棕产业的国际化发展。这些努力有助于提升中国在全球油棕产业中的影响力和话语权。

二、种植历史

中国最早的油棕引种出现在 1926 年,主要分布在海南岛、广东雷州半岛、广西北流和云南河口等地。由于全国食用油短缺,国家大力推广油棕种植,特别是在海南。到了 1965 年,全国种植面积达到 65 万亩,其中大部分在海南。但由于对油棕认识不足、栽培技术不成熟等原因,产量提升有限。20 世纪 80 年代海南油棕植区开始选用良种、扩大种植、集约经营,油棕生产开始了新的发展,面积达到 5 万亩左右,年产果穗 1 626 万吨。但 1990 年以后,油棕种植面积逐步下降,大部分油棕被作为绿化树种,植区已被其他作物取代。近年来,随着我国对油棕产业的重视,通过引种试种工作的推进,海南和云南的油棕种植面积开始逐步扩大。

1998 年至今,中国热带农业科学院等机构重启油棕引种试验,经过 20 多年的努力,选育出了适合中国本土种植的油棕品种,如"热油 1 号""热油 2 号""热油 4 号""热油 6 号"等油棕新品种,并探索了组织培养技术以加快新品种的繁育。

三、油棕产业情况

(一)油棕种植概况

中国油棕种植目前还处于起步阶段,尚未实现规模化种植。根据联合国粮食及农业组织数据显示,2002—2022 年中国油棕每年的收获面积均约 5 万公顷,总体变化幅度较少(图 3-19)。

2002 年中国的油棕产量为 66 万吨,截至 2021 年油棕产量增加至 67 万吨,总体略有波动但幅度较小(图 3-20)。

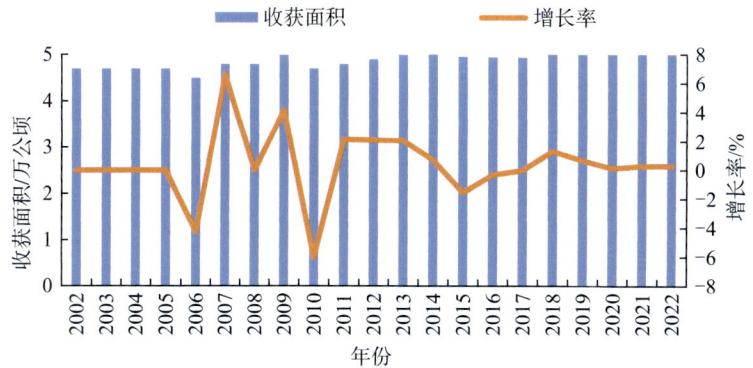

图 3-19　2002—2022 年中国油棕收获面积

（数据来源：FAO）

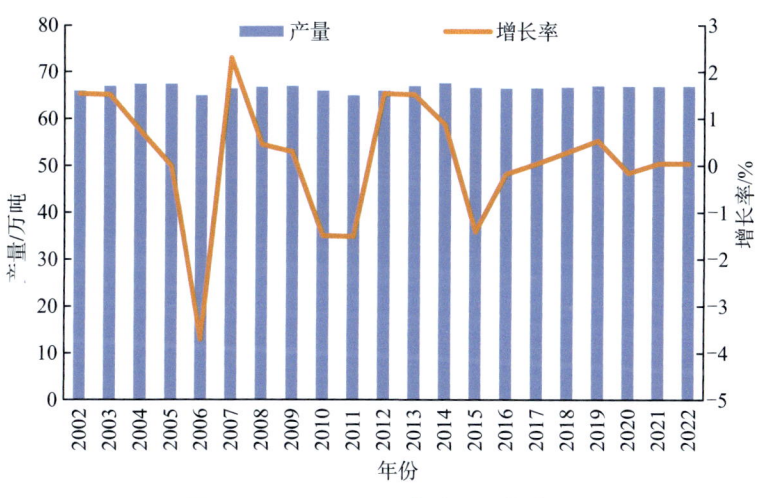

图 3-20　2002—2022 年中国油棕产量

（数据来源：FAO）

2002—2022 年中国油棕单位面积产量为 13～14 吨/公顷（图 3-21）。单产水平较低，这可能与没有规模化的产业、管理粗放等情况有关。

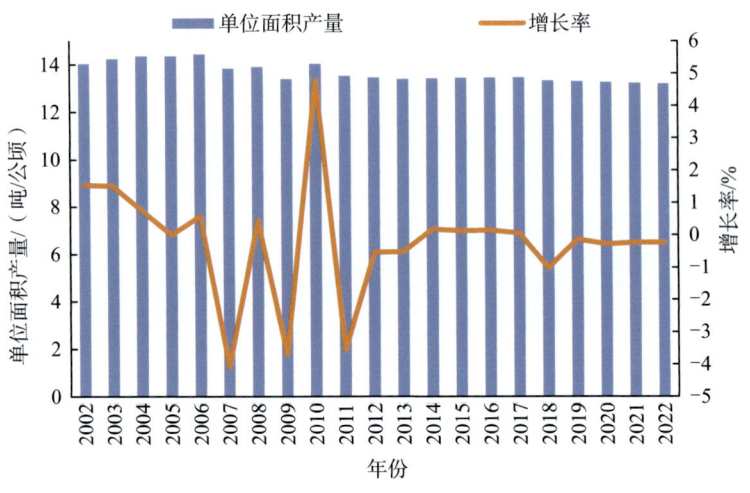

图 3-21　2002—2022 年中国油棕单产变化情况

（数据来源：FAO）

（二）棕榈油生产和消费概况

2002—2021 年中国棕榈油和棕仁油的变化趋势相同，棕仁油的产量大多低于棕榈油。近年来棕榈油和棕仁油的产量均略有降低（图3-22）。

图 3-22　2002—2021 年中国棕榈油/棕仁油产量

（数据来源：FAO）

（三）贸易投资现状

中国是棕榈油进口大国，2012—2021 年中国棕榈油的进口量均远大于出口量（图 3-23），且棕榈油的进口价格略低于出口价格，2021 年进口价格约为 938 美元/吨，出口价格约为 1 059 美元/吨。中国的棕仁油进出口量均远小于棕榈油，且进口量仍大于出口量（图 3-24）。

图 3-23　2012—2021 年中国棕榈油进出口情况
（数据来源：FAO）

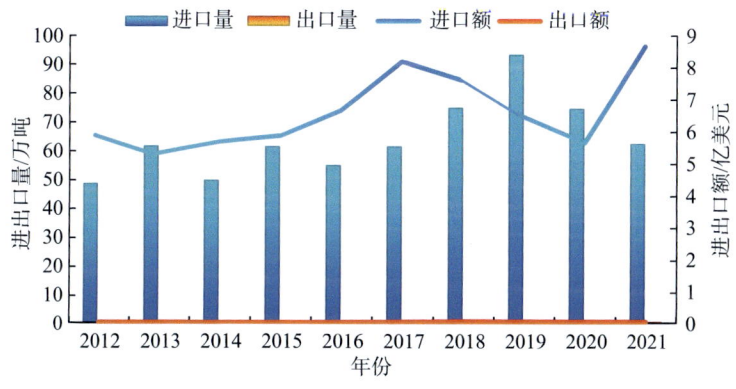

图 3-24　2012—2021 年中国棕仁油进出口情况
（数据来源：FAO）

四、种质资源鉴定和品种培育

（一）油棕资源的类型和特性

中国油棕资源主要从国外引进，从油棕主产国马来西亚、印度尼西亚、泰国、尼日利亚、喀麦隆、加纳、哥斯达黎加和巴布亚新几内亚等国家和地区引进。目前中国热带农业科学院建立了我国油棕资源保存量最大的资源圃，保存资源 426 份，资源类型丰富，可分为薄壳、厚壳、无籽、无壳四种类型。具有高产、耐寒、优质和矮化等优良特性，为培育适合我国油棕新品种提供资源基础。

（二）新品种培育

1. 新品种培育单位和育种水平

中国热带农业科学院椰子研究所是我国唯一以热带油料作物为主要研究对象的社会公益性科研机构，主要开展油棕、椰子等热带油料作物和槟榔、椰枣等热带经济棕榈植物的科技创新、成果转化和产业服务工作，在我国同类科研机构中具有鲜明的特色。该所的油棕研究中心针对油棕产业发展中的关键科学技术问题开展研究，重点开展油棕种质资源收集与保存、鉴定与评价，种苗繁育及育种技术研发，优良品种引种试种，丰产栽培技术研发，病虫害防控和产品加工等研究，以及为国内外企业发展油棕种植提供技术服务。

中国热带农业科学院橡胶研究所油棕团队主要从事油棕种质资源收集及创新利用，组培种苗繁育技术等方面研究。

2. 品种特性

中国通过对引进资源经过长期适应性试种和资源评价，挖掘出一批高产、抗寒、优质的种质资源，中国热带农业科学院椰子研究所培育"热油1号"和"热油2号"、中国热带农业科学院橡胶研究所培育"热油4号"和"热油6号"等适合我国区域气候类型的油棕新品种4个，并通过全国热带作物品种审定委员会审定（图3-25）。

"热油1号"油棕植株　　"热油1号"油棕果穗　　"热油1号"油棕种子

"热油2号"油棕植株　　"热油2号"油棕果穗　　"热油2号"油棕种子

"热油4号"油棕植株　　"热油4号"油棕果穗　　"热油4号"油棕种子

"热油6号"油棕植株　　"热油6号"油棕果穗　　"热油6号"油棕种子

图3-25　"热油1号""热油2号""热油4号"和"热油6号"油棕的形态学特征

具体品种特性如下。

(1)"热油1号"

该品种由中国热带农业科学院椰子研究所牵头培育而成,年平均果穗数量10～15个,单果穗重10～15千克,单果重9～11千克,果肉厚6～7毫米,果穗出油率为22.89%～29.26%,棕榈油不饱和脂肪45.99%～46.70%,种植后第9年产油量达239.2千克/亩,该品种在绝对低温(0.2℃)的云南保山(北纬25°08′)表现出较强适应性,为高产、耐寒型新品种,适宜在海南文昌及相似气候区域种植。

(2)"热油2号"

该品种是由中国热带农业科学院椰子研究所牵头选育出的高油酸油棕品种,品质优。油酸和不饱和脂肪酸含量分别为54.36%和71.40%。果串数为8～10串/株,果穗重量为8～9千克/串,果穗产量为919.17千克/亩,果穗出油率为22.95%,折合油产量为210.95千克/亩。

(3)"热油4号"

该品种由中国热带农业科学院橡胶研究所牵头选育而成。"热油4号"为马来西亚引进的GH400系列油棕商业杂交品种经过多年引种驯化而筛选出的优良品种,该品种历年年均鲜果穗产量753～885千克/亩、果肉产油量167～170千克/亩、核仁产油量17～18千克/亩、总产油量184～188千克/亩;棕榈油和棕仁油总不饱和脂肪酸含量分别为48.31%和21.86%;抗旱性和抗风性较强。审定意见认为,该品种具有高产、稳产、适应性广等优点,适宜在海南全岛推广种植。

(4)"热油6号"

该品种由中国热带农业科学院橡胶研究所牵头选育而成。"热油6号"具有早花早果、高产稳产、品质优、抗旱和抗风性较强等优点,适宜在海南及相似气候区域推广种植。该品种亩产油量达208.6千克/年,这标志着我国油棕引种选育水平取得重要突破。审定意见认为,该品种具有高产、稳产、适应性广等优点,适宜在海南全岛推广种植。

第六节 缅甸

一、自然气候

缅甸是东南亚国家联盟成员国之一。从地理位置上来看,缅甸位于中南半岛西侧,是中南半岛上面积最大的国家,国土面积676 578平方千米。缅甸西北与印度和孟加拉国接壤,东北与中国毗邻,东南与泰国和老挝相连,西南濒临印度洋的孟加拉湾和安达曼海。地势北高南低,以山地、高原和丘陵为主,大河的中、下游为平原,山川为南北走向。北部高山区海拔3 000米以上,东北部为掸邦高原。

从气候条件上来看,缅甸属于热带季风气候,国土的大部分在北回归线以南,地处热带,小部分在北回归线以北,处于亚热带。环绕缅甸东、北、西三面的群山和高原宛如一道道屏障,阻挡了冬季亚洲大陆寒冷空气的南下,而南部由于没有山脉的阻挡,来自印度洋的暖湿气流可畅通无阻。生态环境良好,自然灾害较少。缅甸得天独厚的自然环境,十分适合农作物尤其是热带作物的种植。

缅甸土地资源丰厚,有适宜农作物耕作的气候环境,南部地区的伊洛瓦底三角洲是肥沃的冲积平原。缅甸的德林达依省、孟邦、克耶邦、伊洛瓦底省和克钦邦都适合种植油棕，种植面积可达 600 万英亩（约 243 万公顷）。油棕的生长，取决于天气、降水量及采光情况，目前缅甸主要在德林达依省进行扩大种植，根据土地使用情况，制定了把更多土地交由私营企业者来经营的政策。

二、油棕种植历史

缅甸油棕种植历史可以追溯到 1912 年英殖民主义时期，当时从马来西亚引进树苗进行培植。1926 年，一位外国投资者在土瓦地区种植了约 300 英亩的油棕树，所生产出的油棕油全部销往新加坡，这是缅甸国内最早的油棕树种植记录。

在此之后，油棕的种植业发展较为缓慢，因为当时缅甸人口相对较少，国内的油料作物生产尚能满足需求。20 世纪 60 年代，缅甸国内开始出现食用油紧张的情况，地方政府在扩大传统油料作物生产的同时，开始考虑扩大油棕种植面积。1966—1985 年，缅甸仅有 16 150 英亩（约 6 535.9 公顷）的种植园。1993—1994 年，缅甸才开始允许私人经营油棕种植。据 2000 年的油棕种植情况统计，国营企业有 19 110 英亩（约 7 733.81 公顷）种植园、私人企业有 25 944 英亩（约 1.05 万公顷）种植园，小土地所有者零星种植的占 2 067 英亩（约 836.51 公顷）。

据有关专家考证，缅甸的气候、水土条件非常适合种植油棕。德林达依省、孟邦、克耶邦、伊洛瓦底省和克钦邦都适合种植油棕，种植面积可达 600 万英亩（约 243 万公顷）。随着缅甸人口的增长及日常生活所需，食用油的需求不断增加，油棕的扩大种植对于解决长期的食用油问题显得愈发重要。但油棕种植的快速扩张也带来了一些挑战，例如需要引进外资新建棕榈油精加工厂，以满足未来发展的需求，同时还需关注森林保护等环境问题，以实现可持续发展。

三、油棕产业情况

缅甸德林达依省内拥有超过40万英亩（约16万公顷）的油棕榈种植面积，且每英亩油棕榈果的平均产量达到2.8吨。缅甸的油棕产业正在发展中，目前存在较大的棕榈油消费缺口。据报道，缅甸每年有100多万吨的棕榈油食用量，其中约70万吨需要从印度尼西亚和马来西亚进口。缅甸工商联主席吴埃温指出，为了实现国内供应自给自足，发展国内生产是必要的，需要努力生产更多的产油作物及发展国内榨油厂。

四、油棕种质资源鉴定和品种培育

早在20世纪20年代缅甸就在试验田建立了小面积的Deli dura油棕种植材料，并在70年代扩展到政府庄园。从20世纪80年代至今，商业区域主要使用哥斯达黎加的Delix Pisifera种子。一些种植公司也采购来自泰国、马来西亚和巴布亚新几内亚的研究机构/油棕育种中心的种植材料。缅甸有关研究站可以获得潜在的高产种质资源，主要从非洲、马来西亚、印度尼西亚和巴布亚新几内亚等国家引进资源和品种。

2015年，缅甸政府在其Myeik研究中心开展油棕育种计划，所使用的种质主要选自20世纪20年代和70年代在该地区种植的Deli dura。对于育种，仍需大型国际研究机构/植物育种站提供技术援助。缅甸较大的种植公司也在利用从各个种子供应商处以商业方式获得的各种种植材料进行比较观察试验，以期筛选出适合在缅甸种植的油棕品种。缅甸整体上对油棕育种开展的工作较少。

第四章

大洋洲的油棕资源和品种

第一节　澳大利亚

一、自然气候

澳大利亚位于南太平洋和印度洋之间，介于南纬10°45′~39°08′，南北跨28°23′，是跨纬度最少的一个大陆，由澳大利亚大陆、塔斯马尼亚岛等岛屿和海外领土组成。大陆面积769万平方千米，南北长约3 700千米，东西宽约4 000千米。按照面积计算，澳大利亚为全球第6大国。陆地面积768.23万平方千米，海岸线长36 735千米。南北间温差小，气温分布比较简单。南回归线横贯大陆中部，99%的面积属于热带和亚热带，使全年气温都比较暖热，少雨区和沙漠的面积特别广。

二、油棕种植历史

澳大利亚北部地区具有高温多雨的气候条件，适合种植油棕。Palm Plantations of Australia是1996年建立的第一批油棕种植园，也是澳大利亚第一家专门建立棕榈种子种植园的公司，在可持续棕榈油种植园发展、管理、油棕种子生产和出口方面处于世界领先地位。Palm Plantations of Australia是世界上最大的油棕种子生产商之一，生产基因优良的油棕种子并出口到世界各地（图4-1、图4-2）。

第四章　大洋洲的油棕资源和品种

图 4-1　Palm Plantations of Australia 公司 4 月龄（35 厘米）高产油棕榈苗圃
（图片来源：澳大利亚棕榈种植园 https://palmplantations.com.au）

图 4-2　Palm Plantations of Australia 公司 8 年的油棕树
（图片来源：澳大利亚棕榈种植园 https://palmplantations.com.au）

三、油棕产业情况

（一）油棕种植概况

澳大利亚目前无商业化油棕种植园，James Cook 大学有一块试验

· 149 ·

地，2020年种植，无灌溉设施。该试验地主要用于土壤条件、碳循环、养分循环、植物生理学和昆虫生态学等科学研究（图4-3）。

图4-3 James Cook大学试验地

（图片来源：詹姆斯·库克大学 https://www.jcu.edu.au）

（二）产业贸易现状

由于目前澳大利亚还没有规模化生产，国内棕榈油消费主要靠进口，近10年澳大利亚棕榈油的进口量均远大于出口量，2021年棕榈油净出口量仅为207.8吨，出口数量为79 595吨，出口额仅为27.6万美元，进口额为9 115万美元，出口量远低于进口量，出口额低于远进口额（图4-4）。2022年，澳大利亚出口了67.8万美元的棕榈油，成为第92大棕榈油出口国，澳大利亚棕榈油出口市场主要是新西兰（27.4万美元）、斐济（15万美元）、斯里兰卡（11.9万美元）、马来西亚（6.62万美元）以及东帝汶（3.58万美元）等。同年，斐济棕榈油进口额为1.07亿美元，成为全球第65大棕榈油进口国，澳大利亚进口棕榈油主要来自马来西亚（103万美元）、新加坡（2.52万美元）、新西兰（67万美元）、哥伦比亚（24.6万美元）以及新比利时（10.9万美元）。

第四章 大洋洲的油棕资源和品种

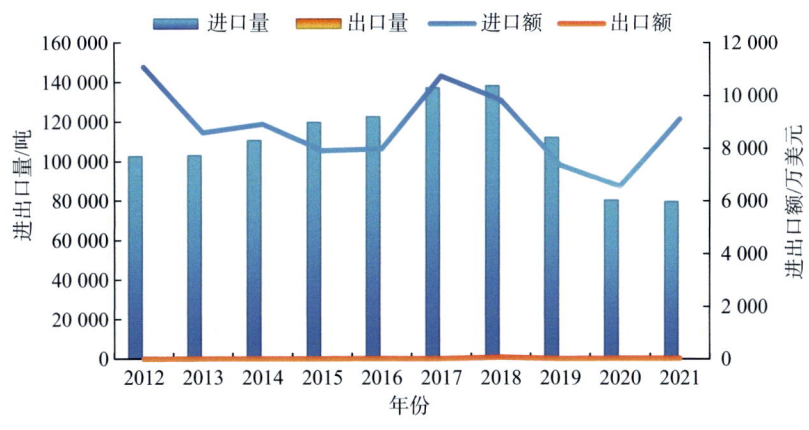

图 4-4 2012—2021 年澳大利亚棕榈油进出口情况
（数据来源：FAO）

四、油棕种质资源鉴定和品种培育

澳大利亚 James Cook 大学开展油棕相关的科研工作，其试验地种植的品种为来自 Dami 的 Elaeis guineensis Dura×pisifera 杂交种。

第二节　巴布亚新几内亚

一、自然气候

巴布亚新几内亚位于太平洋西南部，西与印度尼西亚的伊里安查亚省接壤，南隔托雷斯海峡与澳大利亚相望，北面与亚洲相望，东面与所罗门群岛、瓦努阿图相邻，属美拉尼西亚群岛。全境共有 600 多个岛屿，主要岛屿包括新不列颠、新爱尔兰、马努斯、布干维尔和布卡等。国土面积 46.284 万平方千米，海岸线全长 8 300 千米，包括 200 海里专属经济区在内的水域面积达 240 万平方千米。巴布亚新几内亚大部分地区属于热带雨林气候，该地区多山多水，地质年代较短，土地相对较为肥沃，气候温和，首都等沿海及岛屿地区常年平均气温为 21～32℃，内陆高地省份平均气温为 18～29℃，年平均降水量 2 500 毫米，气候条件适合油棕的生长。

二、油棕种植历史

在 20 世纪 70 年代，国际开发协会（International Development Association）向巴布亚新几内亚提供贷款，支持当地清理土地来发展农业，其中包括油棕种植园和养牛业。此外，巴布亚新几内亚政府试图通过正规化大片传统土地来吸引大规模的油棕生产跨国投资，采用政治经济学方法处理土地问题。1990—2010 年，巴布亚新几内亚约有 41 700 公顷的森林被改造成了油棕林，占被改造森林的 54%。这些油棕种植园的扩张对当地的环境和社会产生了深远的影响，包括森林破坏、温室气体排放增加以及对当地居民生活方式的影响。

三、油棕产业情况

（一）油棕种植概况

油棕是巴布亚新几内亚最重要的经济作物之一。新不列颠棕榈油有限公司（NBPOL）于 20 世纪 60 年代中期在巴布亚新几内亚建立了第一个油棕种植园（图 4-5）。目前马来西亚吉隆甲洞公司（KLK）种植 30 万公顷，全国油棕的种植面积约 200 万公顷。根据联合国粮食及农业组织数据显示，2002 年巴布亚新几内亚油棕收获面积为 7.5 万公顷，占全球油棕收获面积的 0.68%；2021 年巴布亚新几内亚油棕收获面积为 22.9 万公顷，仅占全球油棕收获面积 0.77%（图 4-6）。2002—2021 年巴布亚新几内亚油棕收获面积平均为 15 万公顷，收获面积和总产量总体均呈稳步上升趋势（图 4-7）。2021 年巴布亚新几内亚的单位面积产量为 12.9 吨/公顷，总产量为 295 万吨。近 20 年巴布亚新几内亚油棕单位面积产量在 15～20 吨/公顷（图 4-8）。

图 4-5　巴布亚新几内亚 NBPOL 种植园

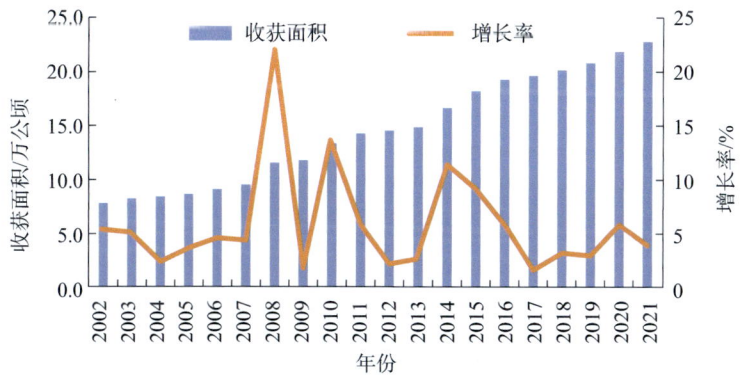

图 4-6　2002—2021 年巴布亚新几内亚油棕收获面积

（数据来源：FAO）

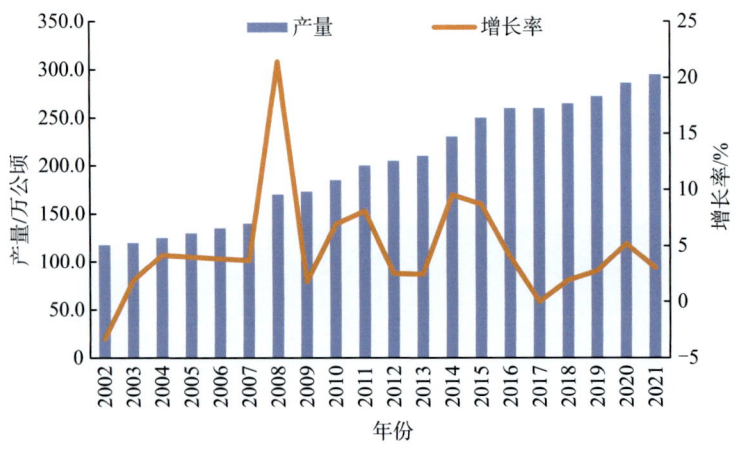

图 4-7　2002—2021 年巴布亚新几内亚油棕产量
（数据来源：FAO）

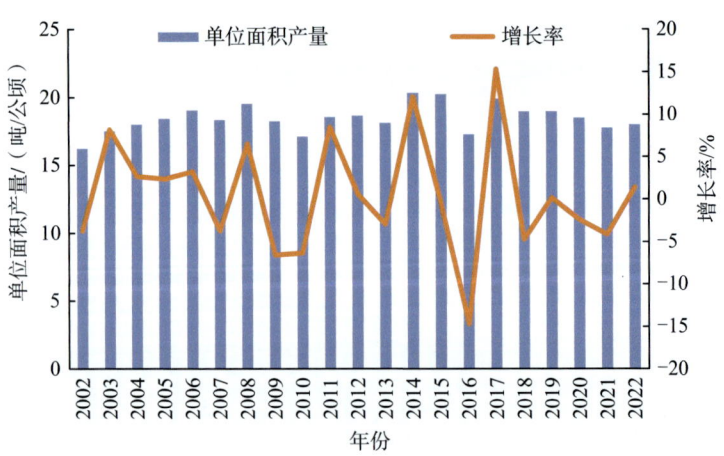

图 4-8　2002—2022 年巴布亚新几内亚油棕单产变化情况
（数据来源：FAO）

（二）棕榈油生产和消费概况

油棕是巴布亚新几内亚重要的农业经济作物之一，随着油棕种植面积的扩大，棕榈油产量的不断提高，在 2022 年 8 月马拉佩政府新增油棕部长，凸显政府扩大农业生产的决心，马拉佩表示，"鼓励国民从事农业生产，推动农业领域复兴，使油棕的种植和加工成为巴新的主要经济来源之一"。根据联合国粮食及农业组织数据显示，2002—2021 年巴布亚新几内亚棕榈油为 50 万吨，其中最大值为 2021 年的 76.5 万吨，最小值为 2005 年的 31 万吨；棕仁油产量远低于棕榈油产量，2002—2021 年棕仁油产量的平均值为 4.9 万吨，其中最大值为 2021 年的 7.3 万吨，最小值为 2002 年的 2.8 万吨（图 4-9）。

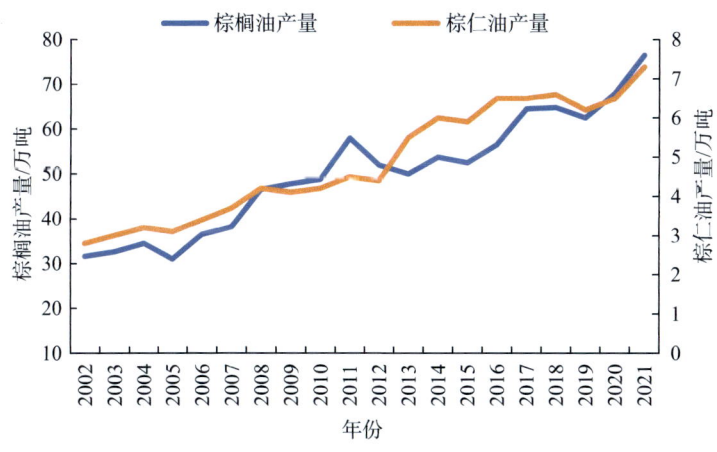

图 4-9　2002—2021 年巴布亚新几内亚棕榈油/棕仁油产量

（数据来源：FAO）

NBPOL 是巴布亚新几内亚油棕产业的龙头企业（图 4-10），2015 年前后被马来西亚 Sime Darby 集团收购。NBPOL 在油棕产业技术研究方面做了大量的工作，包括棕榈油加工、榨油厂废液的循环利用（包括污水分级处理、废水沼气发电等）等，并建设有规模较大的储油罐区以及货运码头（图 4-11）。

图 4-10　巴布亚新几内亚 NBPOL 榨油厂果串堆放区

图 4-11　巴布亚新几内亚 NBPOL 码头油轮

(三)产业贸易现状

油棕是巴布亚新几内亚重要的农业经济作物之一,主要贸易对象包括澳大利亚、日本、新西兰、中国、新加坡和马来西亚等国家。主要出口产品包括铜、金、矿砂、原木、原油、椰干、椰油、可可、咖啡和棕榈油等初级产品。近年来,随着油棕种植面积的扩大,棕榈油出口量也逐渐增加,出口额占巴新全国出口额的40%,每年可带来12亿基纳的出口收入。2012年棕榈油净出口量为52.5万吨,2021年棕榈油净进口量为70.75万吨,棕榈油出口量总体呈上升趋势(图4-12)。

图4-12 2012—2021年巴布亚新几内亚棕榈油进出口情况

(数据来源:FAO)

巴布亚新几内亚国内人口仅有500万左右,国内消费量不大,2012—2021年巴布亚新几内亚棕榈油的出口量均远大于进口量,2021年棕榈油净进口量仅为3.42万吨,出口量为70.75万吨,进口价值仅为0.35亿美元，出口价值为7.51亿美元，进口量远低于出口量，进口价值低于出口价值，因此，巴布亚新几内亚具备改变未来世界棕榈油产业格局的潜力。

四、油棕种质资源鉴定和品种培育

（一）新品种培育单位和育种水平

新不列颠棕榈油有限公司（NBPOL）在巴布亚新几内亚主导成立了油棕研究协会（OPRA），Dami油棕研究中心是NBPOL旗下的专业研究机构（图4-13），主要从事油棕新品种选育、组织培养、栽培生理等相关研究，同时通过杂交制种生产注册品牌为Dami的油棕种子，为巴布亚新几内亚以及泰国等东南亚油棕主产区提供种植材料（图4-14）。

图4-13　巴布亚新几内亚Dami油棕研究中心

图 4-14　巴布亚新几内亚 NBPOL 育苗圃

（二）品种特性

Dami 是通过杂交制种生产注册品牌的油棕种子，新不列颠岛上没有严重的油棕病害，这意味着可以保证 Dami 种子 100% 无病（图 4-15）。通过适当的管理投入，种植后不到 48 个月，Dami 种子每公顷新鲜果串的产量超过 30 吨。该材料可确保在整个生命周期内获得早期投资回报和最大盈利能力，其高生产率可实现更高效和可持续的土地利用。NBPOL 与 SD Guthrie 研究团队合作，不断开展长期研发计划，包括组织培养和分子标记物研究。

图 4-15　巴布亚新几内亚 Dami 油棕种子

第三节 斐济

一、自然气候

斐济位于西南太平洋中心，由 332 个岛屿组成，其中 106 个岛屿有人居住。陆地面积 18 333 平方千米，海洋专属经济区面积 129 万平方千米。属热带海洋性气候，全年冷气温一般保持在 22~32℃。每年 5—10 月盛行凉爽的东南信风，是一年中相对干燥的季节；雨季则从 11 月持续到翌年 4 月，其间风向多变，气温最高可达 35℃左右，湿度较大。从雨量分布看，斐济主岛分为泾渭分明的干燥地区和湿润地区；东南部地区雨量丰沛，苏瓦市平均年降水量 3 850 毫米；西部地区相对干燥，第二大城市劳托卡（Lautoka）年降水量则只有 1 910 毫米。

二、油棕产业情况

（一）油棕种植概况

斐济的气候条件适合油棕生长。油棕种植主要由马来西亚投资建设，建立油棕行业协会，并建立面积为 3 万公顷的油棕生产基地。

（二）棕榈油生产和消费概况

目前还没有规模化的棕榈油生产。

（三）产业贸易现状

由于目前斐济还没有规模化生产，国内棕榈油消费主要靠进口，近 10 年斐济棕榈油的进口量均远大于出口量，2021 年棕榈油净出口量仅为 106 吨，进口量为 3 938 吨（表 4-1），出口额仅为 10 万美元，进口额为 508 美元，出口量远低于进口量，出口额低于进口价值。2022 年，斐济进口了 734 万美元的棕榈油，成为第 131 大棕榈油进口国，斐济进口棕榈油主要来自：马来西亚（532 万美元）、印度尼西亚（149 万美元）、印度（27.7 万美元）、澳大利亚（15 万美元）以及新西兰等。同年，斐济棕榈油出口 7.3 万美元，成为第 137 大棕榈油出口国，主要出口新西兰（7.11 万美元）、库克群岛（174 万美元）以及瓦努阿图。

表 4-1　2012—2021 年斐济棕榈油进出口情况

年份	进口量/吨	出口量/吨	进口额/万美元	出口额/万美元
2012	3 568	1 438	455	106
2013	3 229	1 651	364	97
2014	3 250	1 240	350	142
2015	2 021	1.3	191	1
2016	1 866	0.4	269	0
2017	4 307		418	
2018	3 285	0.5	307	0
2019	3 763		321	
2020	3 212	0.4	279	0
2021	3 938	106	508	10

数据来源：FAO。

三、油棕种质资源鉴定和品种培育

斐济科研水平均处于较低水平,油棕科研目前主要依靠马来西亚提供技术支撑。

第四节 所罗门群岛

一、自然气候

所罗门群岛是南太平洋的一个岛国,位于太平洋西南部,属美拉尼西亚群岛。西南距澳大利亚1 600千米,西距巴布亚新几内亚485千米,东南与瓦努阿图隔海相望。陆地面积2.84万平方千米,海洋专属经济区面积160万平方千米。全境有大小岛屿900多个,最大的瓜达尔卡纳尔岛面积6 475平方千米。境内多火山、河流。属热带雨林气候,终年炎热,无旱季。首都为霍尼亚拉,年均气温28℃,年均降水量3 000~3 500毫米。

二、油棕种植历史

所罗门群岛具有高温多雨的气候条件,适合油棕的生长。第一次商业化规模种植始于1964年,当时英联邦发展公司(CDC)进口了4 000粒马来西亚油棕种子,种植在瓜达尔卡纳尔平原的租赁土地上。到1965年中期种植了20英亩(约8公顷),试验种植在瓜达尔卡纳尔岛伊鲁农场。

三、油棕产业情况

（一）油棕种植概况

根据FAO显示，2002年所罗门群岛油棕收获面积为9万公顷，占全球油棕收获面积的0.77%；2021年所罗门群岛油棕收获面积为25万公顷，仅占全球油棕收获面积的0.84%。2002—2021年所罗门群岛油棕收获面积平均为15万公顷，收获面积和总产量总体均呈上升趋势（图4-16）。2021年所罗门群岛的单位面积产量为14.1吨/公顷，油棕总产量为35万吨（图4-17）。

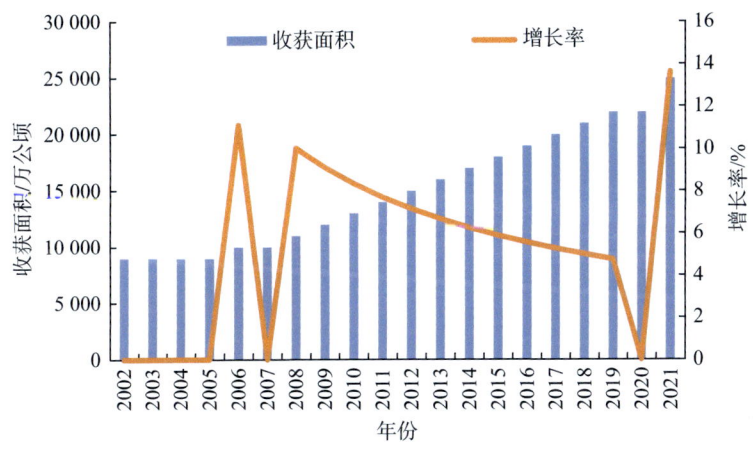

图4-16　2002—2021年所罗门群岛油棕收获面积
（数据来源：FAO）

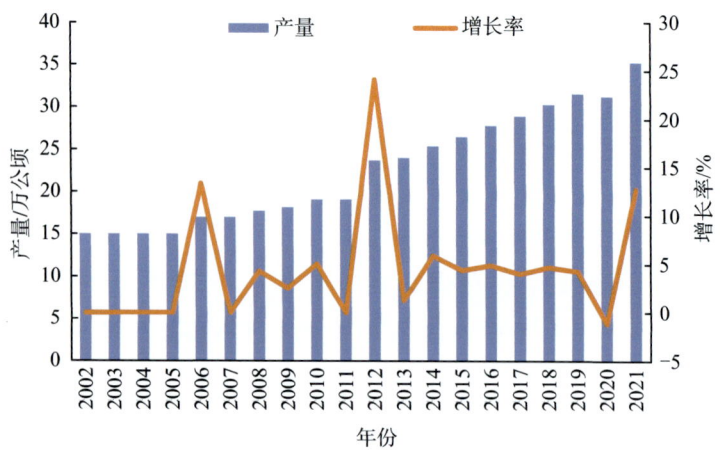

图 4-17　2002—2021 年所罗门群岛油棕产量
（数据来源：FAO）

（二）棕榈油生产和消费概况

根据 FAO 数据显示，近年来所罗门群岛棕榈油产量变化不大，年产量在 2.3 万～3.9 万吨（表 4-2），棕仁油产量远低于棕榈油产量，2014—2021 年棕仁油产量的平均值仅为 0.1 万吨。

表 4-2　2002—2021 年所罗门群岛棕榈油 / 棕仁油产量

年份	棕榈油产量 / 万吨	棕仁油产量 / 万吨	年份	棕榈油产量 / 万吨	棕仁油产量 / 万吨
2002	3.4	-	2012	3.3	-
2003	3.3	-	2013	3.7	-
2004	3.4	-	2014	3.6	0.2
2005	3.5	-	2015	3.9	0.1
2006	3.6	-	2016	3.4	0.1
2007	3.74	-	2017	3.8	0.1
2008	3.9	-	2018	3.8	0.1
2009	2.51	-	2019	2.3	0.1
2010	2.86	-	2020	3	0.1
2011	3.16	-	2021	3.7	0.1

数据来源：FAO。

（三）产业贸易现状

由于所罗门群岛国内消费量不大，2012—2021年所罗门群岛棕榈油的出口量均远大于进口量，2021年棕榈油净进口量仅为0.21万吨，出口量为2.94万吨（图4-18），进口价值仅为2 953万美元，出口价值为29 347万美元，进口量远低于出口量，进口价值低于出口价值，棕榈油是所罗门群岛最主要的出口收入来源之一。所罗门群岛油棕产业由瓜达尔卡纳平原棕榈油有限公司（GPPOL）经营，是所罗门群岛最大的出口收入来源之一。GPPOL公司自2005年开始运营，占地7 000公顷，年产1 600吨油棕，每年出口40 000吨棕榈油。

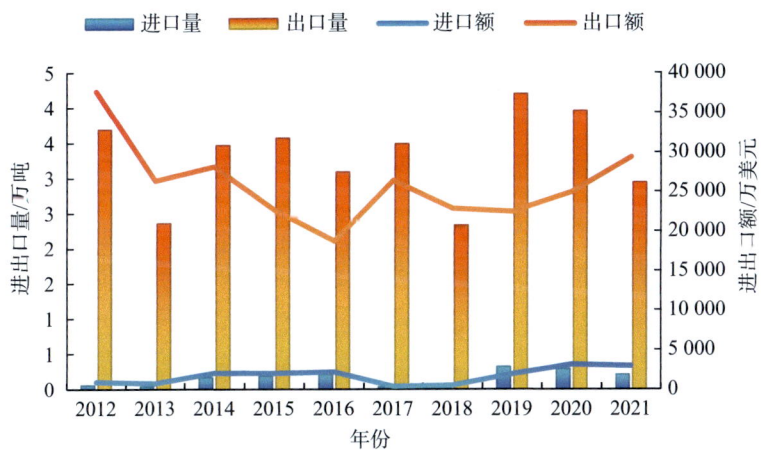

图4-18　2012—2021年所罗门群岛棕榈油进出口情况

（数据来源：FAO）

四、油棕种质资源鉴定和品种培育

所罗门群岛科研水平均处于较低水平，油棕科研目前主要依靠马来西亚和巴布亚新几内亚提供技术支撑。

第五节 瓦努阿图

一、自然气候

瓦努阿图位于南太平洋西部，地处南纬13°~23°，东经166°~172°，南北距离约850千米。陆地面积1.219万平方千米，水域面积84.8万平方千米，属美拉尼西亚群岛，由83个岛屿（其中68个岛屿有人居住）组成。主要岛屿有桑托（4 010平方千米，最高峰1 879米）、马拉库拉（2 069平方千米）、埃菲特（980平方千米）以及埃罗曼果（900平方千米）。

瓦努阿图属典型的热带海洋性气候，干湿季比较明显，大致可分为低温干燥的冬季（5—10月）和高温高湿的夏季（11月至翌年4月）2个季节。瓦努阿图作为近赤道国家，全年气温比较均一。最高温和最低温分别出现在2月和8月。在沿海地区，日均气温为26℃，平均最高和最低温分别为30℃、24℃，极端最低温可达13℃。瓦努阿图降水量最多和最少的月份分别是3月和8月。地形雨和下午阵雨是其普遍天气特征。通常情况下，夏季的雨量要多于冬季。此外，东南季风和当地的地形条件也对降水量的分布和雨量分配模式起着很大作用。在夏季，较大岛屿的迎风面（东南部）降雨特别多，在冬季，背风面(西北部)的降雨比较少,温度和降水量等比较适合油棕的生长。

二、油棕种植历史

瓦努阿图的油棕种植历史可以追溯到20世纪60年代。1969年,法国专家在瓦努阿图试种过油棕,但由于品种低劣以及受台风和抗风减灾措施不当等影响,认为油棕不适宜在当地种植,1980年停止了所有种植试验。然而,这一情况在21世纪初得到了改变。从2005年开始,中国热带农业科学院的专家团队开始在瓦努阿图开展油棕引种试种工作,经过多年的努力,专家团队成功筛选出了适宜当地环境特点的高产稳产油棕品种2~3个(图4-19),年均鲜果穗单产可达30吨/公顷,并形成了配套的抗风高产栽培技术体系,建立了占地1 000亩的油棕试验示范基地,在当地培训了一批熟练管理技术人员,结束了瓦努阿图不能种植油棕的历史,为瓦努阿图油棕产业化开发打下了基础。

三、油棕产业情况

(一)油棕种植概况

瓦努阿图是南太平洋岛国,桑托岛位于瓦努阿图北部,是当地最大的岛屿,桑托岛与海南岛一样,都是靠近赤道的岛屿,拥有适合油棕生长的自然条件。但是最初桑托岛没有种植油棕的历史,没有设备也没有技术,根据联合国粮农组织推荐的西非油棕发展模式,自2 005开始,中国热带农业科学院的科研团队与中国机械设备工程股份有限公司合作,承担瓦努阿图油棕项目引种、种苗培育、种植示范园建设等任务，经历了育种、育苗、初试和中试等阶段，最终成功把油棕种植技术带到瓦努阿图桑托岛。目前，瓦努阿图的桑托岛已有5 300公顷油棕种植园（图4-20），其中政府、社区、公司合作的农场约2 000多公顷。如今，瓦努阿图桑托岛上的油棕长势良好，产业化规模种植逐渐形成，结束了瓦努阿图没有油棕产业的历史。

图4-19　瓦努阿图共和国农林牧渔生物安全部部长一行视察中国热带农业科学打造的桑托油棕种植基地（图片来源：海南日报）

（二）棕榈油生产和消费概况

目前瓦努阿图桑托岛上的油棕长势好、林相整齐，每公顷可产4吨棕榈油，产业化规模种植逐渐形成。

（三）产业贸易现状

瓦努阿图由于农业生产技术水平低，农产品结构单一，很多农产品依赖进口，如大米等。目前，椰子、卡瓦和可可仍然是瓦努阿图最重要的经济作物。在最近几十年里，瓦努阿图政府一直试图促进农村经济的多样化，摆脱对椰子种植业的依赖，如发展油棕产业，但油棕产业只是刚刚起步，棕榈油还不能满足内需，仍需大量进口。根据联合国粮食及农业组织数据显示，2021年棕榈油进口数量为1 850吨，进口价值为270.8万美元。

四、油棕种质资源鉴定和品种培育

（一）新品种培育单位和育种水平

瓦努阿图农业、工业的基础均十分薄弱，处于相当落后的状态，其国内油棕种植在我国的援助下刚刚开始起步，所以油棕科研处于空白状态，几乎没有从事油棕研究的专业机构，目前种植油棕的技术是由我国提供的，技术支持单位为中国热带农业科学院。

（二）品种特性

热油4号油棕由中国热带农业科学院选育，为马来西亚引进的GH400系列油棕商业杂交品种经过多年引种驯化而筛选出的优良品种，该品种历年年均鲜果穗产量753～885千克/亩，果肉产油量167～170千克/亩、核仁产油量17～18千克/亩、总产油量184～188千克/亩；棕榈油和棕仁油总不饱和脂肪酸含量分别为48.31%和21.86%；抗旱性和抗风性较强。

热油6号油棕经中国热带农业科学院两代研究者20多年的努力选育而成，是我国首个年亩产油量超过200千克的油棕优良品种，具有早花早果、高产稳产、品质优、抗旱和抗风性较强等优点，适宜在海南及相似气候区域推广种植。该品种亩产油量达208.6千克/年，比我国油棕品种热油4号提高了11%，这标志着我国油棕引种选育取得重要突破。

第五章

美洲的油棕资源和品种

第一节　哥斯达黎加

一、自然气候

哥斯达黎加位于拉丁美洲，地处北纬8°～10°，国土面积5.1万平方千米。由于靠近赤道，哥斯达黎加的大部分地区属于热带气候，全年温暖，温差较小。哥斯达黎加的气候通常分为两个季节，干季（冬季）和湿季（夏季）。干季通常在12月至翌年4月，湿季则从5月持续到11月。中部山谷地区气候宜人，四季如春，首都圣何塞（San José）年平均气温最低为15℃，最高为26℃。周边热带平原地区气候炎热，加勒比海地区夜平均气温为21℃，日平均气温30℃。

哥斯达黎加的油棕主栽区是彭塔雷纳斯地区，位于西部沿海，降水量较高，年均温度通常在24～28℃，适合油棕种植。

二、油棕种植历史

哥斯达黎加的油棕种植历史可以追溯到20世纪中期，主要经历了以下几个阶段。

起步阶段（1950—1960年）：哥斯达黎加开始引进油棕种植技术。这一时期的种植规模较小，主要是为了试验和推广油棕的种植。

扩展阶段（1970—1980年）：由于油棕油（棕榈油）的市场需求增加，政府和私人部门开始扩大油棕种植面积。这一阶段哥斯达黎加的油棕种植主要集中在沿海地区，尤其是加勒比海沿岸的利蒙省（Limón）。

发展阶段（1990—2000年）：哥斯达黎加政府开始重视油棕产业的发展，并采取了多项措施促进种植和加工。这包括提供财政补贴、技术支持和市场开发等。这个时期，油棕种植面积显著扩大，成为国家农业的重要组成部分。

现代阶段（2005年至今）：油棕产业继续扩展，并逐渐成为哥斯达黎加经济的重要支柱。政府加强了对油棕种植的监管，确保可持续发展，并试图减少对环境的负面影响。随着环保意识的提高，哥斯达黎加开始推行可持续的油棕种植标准，并推动对生物多样性和生态系统的保护。

油棕种植在哥斯达黎加的历史中经历了从试验推广到规模化发展再到注重可持续发展的过程。当前，哥斯达黎加在油棕产业中注重提高生产效率和环境保护，以实现经济利益和生态保护的平衡。

三、油棕产业情况

（一）油棕种植概况

根据联合国粮食及农业组织数据显示，2002年哥斯达黎加油棕收获面积为4万公顷，2021年哥斯达黎加油棕收获面积为7万公顷。2002—2021年哥斯达黎加油棕收获面积平均为6万公顷，其中2002—2013年总体呈上升趋势，2013年的年增长率达17%，2014—2021年油棕收获面积逐渐趋于平稳（图5-1）。近年来哥斯达黎加单产水平不断提高，目前单位面积产量约16吨/公顷。

图 5-1 2002—2021 年哥斯达黎加油棕收获面积
（数据来源：FAO）

2002 年哥斯达黎加的油棕产量为 57 万吨，2021 年油棕产量增加至 115 万吨，增长 101.8%，年均增长率为 3.8%。2002—2021 年哥斯达黎加油棕产量平均为 94 万吨，2002—2013 年整体呈上升趋势，2014 年油棕产量的增长率达低谷值，为 -32%，随后逐渐上升，近年来趋于稳定（图 5-2）。

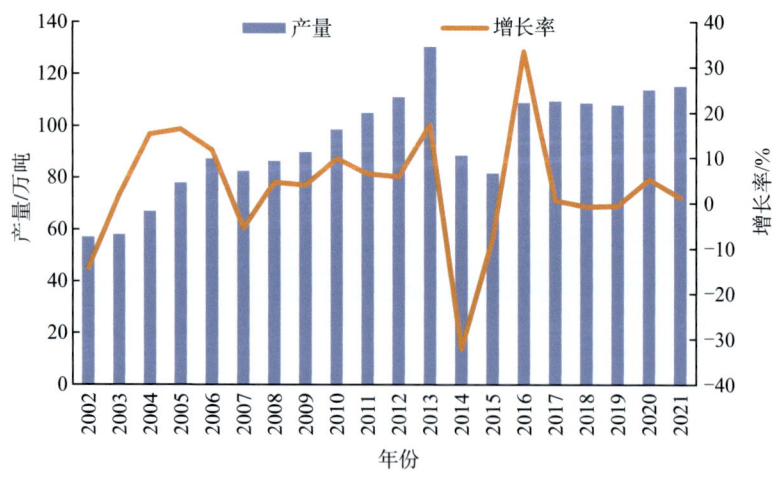

图 5-2 2002—2021 年哥斯达黎加油棕果产量
（数据来源：FAO）

（二）棕榈油生产和消费概况

2002—2021 年哥斯达黎加棕榈油产量平均值为 21.7 万吨，总体呈上升趋势，20 年间的增长率为 107.8%，年均增长率为 3.92%；棕仁油产量远低于棕榈油产量，2002—2021 年棕仁油产量的平均值为 1.8 万吨，整体呈上升趋势（图 5-3）。

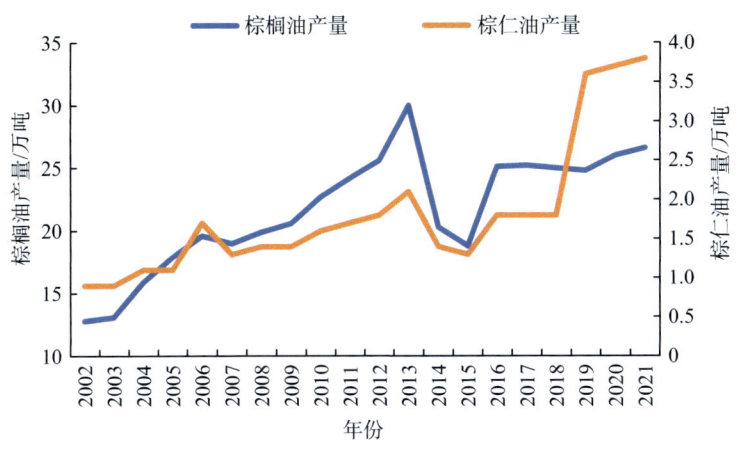

图 5-3　2002—2021 年哥斯达黎加棕榈油/棕仁油产量
（数据来源：FAO）

（三）产业贸易现状

2012—2021 年哥斯达黎加棕榈油的出口量均远大于进口量，2012 年棕榈油净出口量为 15.9 万吨，2021 年棕榈油净出口量为 20.9 万吨，整体呈上升趋势（图 5-4）。棕榈油的出口价格与进口价格相当，2021 年出口价格约为 1 021 美元/吨，进口价格约为 1 168 美元/吨。2021 年哥斯达黎加生产的棕榈油主要向荷兰、墨西哥、德国、尼加拉瓜和美国出口。

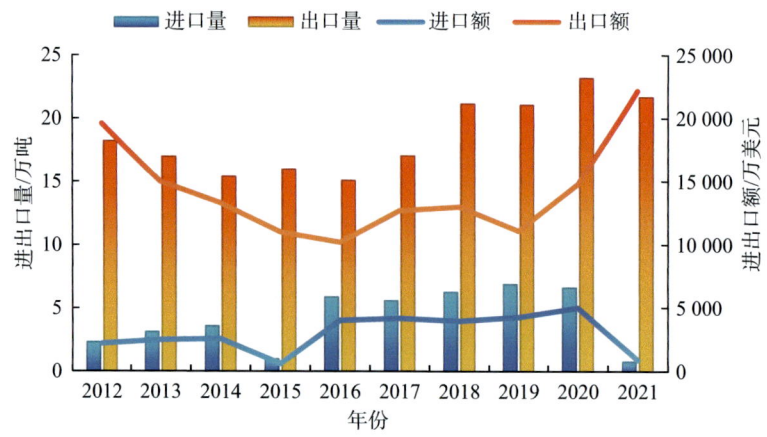

图 5-4　2012—2021 年哥斯达黎加棕榈油进出口情况

（数据来源：FAO）

四、油棕种质资源鉴定和品种培育

（一）油棕资源的类型和特性

哥斯达黎加的油棕种植区域大多位于热带雨林气候区，具有高温和丰沛的降水，这为油棕的生长提供了理想的环境。哥斯达黎加的油棕种植园通常采用现代农业技术，注重提高油棕的产量和油脂质量，尤其是在 Tenera 品种的推广下，生产的油脂含量较高，适合商业用途。哥斯达黎加的油棕种植园通常采用先进的农业管理和技术，包括灌溉、施肥和病虫害控制，以优化产量和确保植物健康。

（二）新品种培育

1. 新品种培育单位和育种水平

ASD 公司（Agricultural Services & Development）是一家在哥斯达黎加成立的公司。它的主要业务包括油棕育种、种子生产和销售种子品种和克隆。ASD 公司隶属于 Numar Agro-industrial Group（NAG），该集团在哥斯达黎加拥有大量油棕种植园，并在其他中美洲国家如尼加拉瓜、哥伦比亚、墨西哥和巴拿马也有业务扩展。

ASD 的起源与 Chiquita Brands International（CBI）公司的努力密切相关。CBI 公司致力于在美洲湿热带引入和发展新作物，该公司在农业领域已有近一个世纪的历史。早期，United Fruit Company（UFC）（CBI 的前身）引入了多种植物种类，并建立了重要的种质资源库，如哥斯达黎加的可可种质资源库和洪都拉斯 Lancetilla 植物园的油棕种质资源库。1942 年，从东南亚和西非引入的遗传材料的田间试验结果确认了来自印度尼西亚的 Deli dura 品系的优越性。随后，UFC 在危地马拉、洪都拉斯、尼加拉瓜、哥斯达黎加、巴拿马、哥伦比亚和厄瓜多尔开始了小型油棕种植园的建设。

20 世纪 30 年代中期到 40 年代上半叶，UFC 在洪都拉斯的大西洋沿岸和哥斯达黎加的太平洋沿岸开发了第一批商业油棕种植园。1954 年，哥斯达黎加 Quepos 种植园的首个油提取厂开始建设，该种植园在 1980 年代成为美洲第二大种植园。1960 年代初，Numar 集团（Nutritious Margarine）作为 UFC 的油脂部门开始扩展，最终成为中美洲最大的食用油公司。1995 年底，Numar 集团不再属于 Chiquita Brands International，转而由中美洲投资者拥有。

1986 年，为了满足热带美洲高质量种子市场的显著需求，ASD de Costa Rica S.A. 成立，专门从事油棕育种、生产和销售种子、品种克隆。1987 年，ASD 开始向非洲和东南亚出口种子。自 ASD 成立以来，公司已向美洲、亚洲、非洲和大洋洲的 45 个国家供应了超过 3.5 亿颗种子，约 200 万公顷的商业种植园占全球种植总面积约 8.5%。ASD 公司所属于 Numar Agro-industrial Group（NAG），NAG 在哥斯达黎加拥有约 24 000 公顷的自有种植园，并与相关生产者共同经营 17 000 公顷种植园。NAG 还在尼加拉瓜、哥伦比亚、墨西哥和巴拿马开发了新的种植园。ASD 公司致力于开发新技术，特别是在创造新的种植材料、改进种子生产过程和管理种植材料方面。2006 年 1 月 23 日，Compact Seeds and Clones S.A. 成立，该公司目前负责生产、加工和出口 ASD 品牌的种子。ASD 公司通过多年的油棕育种工作，提供了多种适应不同环境和需求的 *E.guineensis* 品种。公司还开发了先进的杂交种 Amazon，具有比传统 O×G 杂交种更优越的特性。

ASD 公司在分子生物学、组织培养、种子加工和植物保护方面进行了创新，提高了油棕的遗传改良和生产效率。公司还通过培训和技术转让，促进了油棕种植技术的发展，并与国际组织合作，支持非洲和中美洲的农业发展项目。

2. 品种特性

（1）Challenger（高密度品种）

该品种的母系（Dura）为自然品种 *E.oleifera* 与自然品种 *E. guineensis* 连续回交产生，父系是源自尼日利亚的 *E. guineensis* 品种。

与普通 *E. guineensis* 品种相比，该品种的叶片和树干更短，适合高密度种植。该品种具有早熟的特性，在良好的管理、土壤和气候条件下，植后第三年鲜果产量可超 30 吨，且含油量高。在泰国小规模生产者的种植园中，通过灌溉和良好的农艺管理，这种品种的产量有时可以达到每公顷 40 吨以上。危地马拉的加勒比地区也获得了类似的产量。此外，该品种对常见的茎腐病/冠腐病都表现出良好的耐受性，红环病（*Bursaphelenchus cocophilus*）的发病率较低，其原因是叶片较短，不利于传播疾病的象鼻虫（*Rhynchophorus palmarum*）生长。该品种的建议种植密度为每公顷 160 棵。

该品种生产力、农艺性状以及品种产量与品质特性见表 5-1 至表 5-3。

表 5-1　Challenger 品种生产力

指标	种植时间				
	第 1 年	第 2 年	第 3 年	第 4 年	第 5 年
单棵每年果串数	8	22	19	22	19
平均果串质量/千克	4.5	5.7	8.4	10.4	12.6
单棵产量/（千克/年）	36	125	160	229	238
每公顷年产量/吨	6.1	21.3	27.2	38.9	40.4

表 5-2　Challenger 品种农艺性状

农艺性状	数值
幼苗期	70 天
出圃期	330 天
茎生长率	55 厘米/年
初产期	22 个月
植后第五年第 17 片叶面积	6.8 平方米
植后第五年第 17 片叶柄长度	117 厘米
植后第五年第 17 片叶片长度	547 厘米

表 5-3　Challenger 品种产量与品质特性

产量与品质特性	数值
26 个月时的性别比（雌花序的百分比）	90%
第 5 年收获时每公顷累计产量	133.9 吨
果实成熟率	55%
单性结实率	13%
单果质量	11 克
中果皮含油率（干燥后）	78%
果串含油率（实验室）	28.5%

续表

产量与品质特性	数值
果串棕榈油工业提取率（植后第五年）	24.8%
棕榈酸含量	40.1%
油酸含量	40.8%
亚油酸含量	11.4%

（2）Avalanche（高密度品种）

该品种的母系（Dura）为自然品种 *E.oleifera* 与自然品种 *E. guineensis* 连续回交产生，父系是源自尼日利亚的 *E. guineensis* 品种。

该品种叶片与树干比普通的 *E.guineensis* 品种略短，因此种植密度较高，且果串含油量也较高。该品种属早熟品种，在管理、气候和土壤条件良好的情况下，第三年收获时鲜果产量通常超过每公顷 30 吨。在泰国和危地马拉加勒比地区小型种植园中，通过灌溉和良好的农艺管理，该品种在第五年收获时每公顷鲜果产量可超过 40 吨。该品种建议种植密度为每公顷 151～160 棵，具体取决于气候和土壤条件以及提供的管理。

Avalanche 品种生产力、农艺性状以及产量与品质特性见表 5-4 至表 5-6。

表 5-4　Avalanche 品种生产力

指标	种植时间				
	第 1 年	第 2 年	第 3 年	第 4 年	第 5 年
单棵每年果串数	8	27	22	24	20
平均果串质量/千克	2.7	3.8	6.8	9.2	11.8
单棵产量/（千克/年）	22	103	150	221	235
每公顷年产量/吨	3.5	16.4	24.3	35.4	37.5

表 5-5　Avalanche 品种农艺性状

农艺性状	数值
幼苗期	70 天
出圃期	330 天
茎生长率	52 厘米/年
初产期	22 个月
植后第五年第 17 片叶面积	7.3 平方米
植后第五年第 17 片叶柄长度	123 厘米
植后第五年第 17 片叶片长度	659 厘米

表 5-6　Avalanche 品种产量与品质特性

产量与品质特性	数值
26 个月时的性别比（雌花序的百分比）	98%
第 5 年收获时每公顷累计产量	117.1 吨
果实成熟率	68%
单性结实率	2%
单果质量	9 克
中果皮含油率（干燥后）	81%
果串含油率（实验室）	28.5%
果串棕榈油工业提取率（植后第 5 年）	24.8%
棕榈酸含量	40.0%
油酸含量	40.9%
亚油酸含量	11.5%

（3）Supreme（高密度品种）

该品种由 Deli dura（爪哇茂物）与紧凑型 pisifera 的杂交，即自然品种 *E.oleifera* 与自然品种 *E. guineensis* 的连续回交和 *E.guineensis* 的杂交。

该品种叶片和树干比普通的 *E.guineensis* 品种略短，因此可以以更高的密度种植，其果串圆润、形状良好，果实大，含油量极高。该品种具有早熟特性，在良好的管理、土壤和气候条件下，第三年收获期鲜果产量通常超过 30 吨。在泰国的小农种植园中，通过灌溉和良好的农艺管理，该品种在第五年收获时每公顷鲜果产量可达 40 吨。建议种植密度为每公顷 151~160 棵棕榈树，具体取决于气候和土壤条件以及提供的管理。

Supreme 品种生产力、农艺性状以及产量与品质特性见表 5-7 至表 5-9。

表 5-7　Supreme 品种生产力

指标	种植时间				
	第 1 年	第 2 年	第 3 年	第 4 年	第 5 年
单棵每年果串数	6	28	23	25	21
平均果串质量/千克	2.9	3.6	5.6	7.6	9.8
单棵产量/（千克/年）	17	101	129	190	204
每公顷年产量/吨	2.7	16.2	20.6	30.4	32.6

表 5-8　Supreme 品种农艺性状

农艺性状	数值
幼苗期	70 天
出圃期	330 天
茎生长率	52 厘米/年
初产期	22 个月
植后第五年第 17 片叶面积	7.3 平方米
植后第五年第 17 片叶柄长度	123 厘米
植后第五年第 17 片叶片长度	659 厘米

表 5-9　Supreme 品种产量与品质特性

产量与品质特性	数值
26 个月时的性别比（雌花序的百分比）	97%
第 5 年收获时每公顷累计产量	102.5 吨
果实成熟率	67%
单性结实率	5%
单果质量	13 克
中果皮含油率（干燥后）	79%
果串含油率（实验室）	27.5%
果串棕榈油工业提取率（植后第 5 年）	23.9%
棕榈酸含量	41.1%
油酸含量	39.9%
亚油酸含量	11.2%

（4）Evolution Blue（高密度品种）

该品种的母系（Dura）为自然品种 E.oleifera 与自然品种 E. guineensis 连续回交产生，父系是源自巴布亚新几内亚的 E. guineensis 品种。

该品种果串形状良好，果实大（13 克），果串含油量高，且早熟性极强。在良好的管理、土壤和气候条件下，第三年鲜果产量超过每公顷 30 吨。这是 ASD 最新的品种，目前仅在墨西哥和几个中美洲和南美洲国家进行商业种植，在这些国家表现出色。该品种的建议密度为每公顷 151～160 棵棕榈树，具体取决于气候和土壤条件以及提供的管理。

Evolution Blue 品种生产力、农艺性状以及产量与品质特性见表 5-10 至表 5-12。

表 5-10 Evolution Blue 品种生产力

指标	种植时间				
	第 1 年	第 2 年	第 3 年	第 4 年	第 5 年
单棵每年果串数	15	25	20	22	17
平均果串质量 / 千克	3.2	4.0	8.6	10.4	14.2
单棵产量 /（千克 / 年）	48	100	172	229	236
每公顷年产量 / 吨	7.7	16.0	27.5	36.6	37.8

表 5-11 Evolution Blue 品种农艺性状

农艺性状	数值
幼苗期	70 天
出圃期	330 天
茎生长率	53 厘米 / 年
初产期	22 个月
植后第五年第 17 片叶面积	6.8 平方米
植后第五年第 17 片叶柄长度	97 厘米
植后第五年第 17 片叶片长度	514 厘米

表 5-12 Evolution Blue 品种产量与品质特性

产量与品质特性	数值
26 个月时的性别比（雌花序的百分比）	95%
第 5 年收获时每公顷累计产量	125.6 吨
果实成熟率	69%
单性结实率	2%
单果质量	13 克
中果皮含油率（干燥后）	86%
果串含油率（实验室）	30.0%
果串棕榈油工业提取率（植后第 5 年）	26.1%

(5) Themba（优质品种）

该品种母本为 Deli 种群，父本为尼日利亚的 Ghana 种群。该品种茎生长速度适中（每年 58 厘米），果实大（12 克）且形状良好、叶片稀疏。该品种抗逆性强，在干旱、光照度低、高原等各种环境中均生长良好。在乌干达和赞比亚海拔 1 000 米以上的种植园中，该品种表现优异。此外，该品种对常见的茎腐病/冠病复合体具有良好的耐受性，且红环病（*Bursaphelenchus cocophilus*）的发病率较低，其原因是叶片稀疏不利于传播疾病的象鼻虫（*Rhynchophorus palmarum*）生存。该品种的建议种植密度为每公顷 143 棵棕榈树。

Themba 品种生产力、品种农艺性状以及产量与品质特性见表 5-13 至表 5-15。

表 5-13　Themba 品种生产力

指标	种植时间				
	第 1 年	第 2 年	第 3 年	第 4 年	第 5 年
单棵每年果串数	10	14	21	18	16
平均果串质量/千克	5.6	7.0	8.7	10.8	13.1
单棵产量/（千克/年）	56	98	183	197	213
每公顷年产量/吨	9.0	15.7	30.2	31.3	34.1

表 5-14　Themba 品种农艺性状

农艺性状	数值
幼苗期	70 天
出圃期	330 天
茎生长率	58 厘米/年
初产期	22 个月
植后第五年第 17 片叶面积	8.0 平方米
植后第五年第 17 片叶柄长度	122 厘米
植后第五年第 17 片叶片长度	630 厘米

表 5-15　Themba 品种产量与品质特性

产量与品质特性	数值
26 个月时的性别比（雌花序的百分比）	96%
第 5 年收获时每公顷累计产量	120.3 吨
果实成熟率	63%
单性结实率	10%
单果质量	12 克
中果皮含油率（干燥后）	74%
果串含油率（实验室）	27.5%
果串棕榈油工业提取率（植后第 5 年）	23.9%
棕榈酸含量	42.7%
油酸含量	38.5%
亚油酸含量	10.8%

（6）Spring Black（优质品种）

该品种的果实颜色呈黑色，果实串中等（10 克），属于早熟品种，在管理、气候和土壤条件良好的情况下，第三年收获期鲜果产量通常超过每公顷 30 吨。在南部地区和危地马拉加勒比地区的种植园中，每公顷鲜果串产量可达 49 吨。该品种茎生长速度适中（58 厘米/年），每公顷可种植 135～143 棵，具体取决于气候和土壤条件以及管理情况。

Spring Blackr 品种生产力农业现状及产量与特性详见表 5-16 至表 5-18。

表 5-16　Spring Blackr 品种生产力

指标	种植时间				
	第 1 年	第 2 年	第 3 年	第 4 年	第 5 年
单棵每年果串数	10	32	24	27	19
平均果串质量/千克	3.6	4.5	7.1	8.8	13.1
单棵产量/（千克/年）	44	143	173	238	249
每公顷年产量/吨	6.3	20.4	24.7	34.0	35.6

表 5-17　Spring Blackr 品种农艺性状

农艺性状	数值
幼苗期	70 天
出圃期	300 天
茎生长率	58 厘米/年
初产期	24 个月
植后第五年第 17 片叶面积	9.0 平方米
植后第五年第 17 片叶柄长度	147 厘米
植后第五年第 17 片叶片长度	674 厘米

表 5-18　Spring Blackr 品种产量与品质特性

产量与品质特性	数值
26 个月时的性别比（雌花序的百分比）	96%
第 5 年收获时每公顷累计产量	121.0 吨
果实成熟率	63%
单性结实率	6%
单果质量	10 克
中果皮含油率（干燥后）	81%
果串含油率（实验室）	27.5%
果串棕榈油工业提取率（植后第 5 年）	23.9%
棕榈酸含量	43.3%
油酸含量	38.0%
亚油酸含量	10.7%

（7）Spring Green（优质品种）

母本为 Deli dura 种群，父本为源自尼日利亚卡拉巴尔乌富马和阿巴地区本地遗传材料混合种群的优良 Pisifera。

该品种果串在未成熟时呈绿色，成熟时则变成橙色，其主要优势在于可以在最佳成熟度时采摘果串，果实的颜色可以明确地表明果串已成熟，不会与鲜绿色的未成熟果串混淆，可以提高采摘质量并增加工业产量。该品种茎生长速度适中（58厘米/年），每公顷可种植135~143棵，具体取决于气候和土壤条件以及管理情况。该品种属早熟品种，在管理、气候和土壤条件良好的情况下，第4年收获期鲜果产量通常超过每公顷30吨。

Spring Green品种生产力、农艺性状以及产量与品质特性见表5-19至表5-21。

表5-19　Spring Green品种生产力

指标	种植时间				
	第1年	第2年	第3年	第4年	第5年
单棵每年果串数	12	25	25	22	18
平均果串质量/千克	4.0	5.5	7.0	10.0	14.5
单棵产量/（千克/年）	48	138	175	220	261
每公顷年产量/吨	6.9	19.7	25.0	31.5	37.3

表5-20　Spring Green品种农艺性状

农艺性状	数值
幼苗期	70天
出圃期	300天
茎生长率	58厘米/年
初产期	24个月
植后第五年第17片叶面积	9.0平方米
植后第五年第17片叶柄长度	145厘米
植后第五年第17片叶片长度	670厘米

表 5-21 Spring Green 品种产量与品质特性

产量与品质特性	数值
26 个月时的性别比（雌花序的百分比）	95%
第 5 年收获时每公顷累计产量	120.0 吨
果实成熟率	64%
单性结实率	6%
单果质量	10 克
中果皮含油率（干燥后）	75%
果串含油率（实验室）	27%
果串棕榈油工业提取率（植后第 5 年）	23.5%
棕榈酸含量	43.3%
油酸含量	38.0%
亚油酸含量	10.7%

（8）La Me（标准品种）

该品种母本为 Deli dura 种群，父本为科特迪瓦的 La Me 种群。

该品种的果串形状良好，果实较小（6 克），含油量适中，茎生长速度适中（53 厘米/年），因此种植密度为每公顷 143 棵。该品种具有良好的耐旱性，对常见的茎腐病/冠腐病表现出耐受性，且在任何发育阶段都不需要辅助授粉。

La Me 品种生产力、农艺性状以及产量与品质特性见表 5-22 至表 5-24。

表 5-22 La Me 品种生产力

指标	种植时间				
	第 1 年	第 2 年	第 3 年	第 4 年	第 5 年
单棵每年果串数	8	25	15	22	19
平均果串质量/千克	3.6	5.1	7.1	9.7	11.1
单棵产量/（千克/年）	29	128	107	213	214
每公顷年产量/吨	4.1	18.3	15.3	30.5	30.6

表 5-23　La Me 品种农艺性状

农艺性状	数值
幼苗期	70 天
出圃期	300 天
茎生长率	53 厘米 / 年
初产期	24 个月
植后第五年第 17 片叶面积	9.0 平方米
植后第五年第 17 片叶柄长度	134 厘米
植后第五年第 17 片叶片长度	647 厘米

表 5-24　La Me 品种产量与品质特性

产量与品质特性	数值
26 个月时的性别比（雌花序的百分比）	90%
第 5 年收获时每公顷累计产量	98.8 吨
果实成熟率	68%
单性结实率	2%
单果质量	6 克
中果皮含油率（干燥后）	68%
果串含油率（实验室）	25.5%
果串棕榈油工业提取率（植后第 5 年）	22.2%
棕榈酸含量	42.9%
油酸含量	38.4%
亚油酸含量	10.8%

（9）Kigoma（特殊品种）

该品种的母系是在哥斯达黎加从坦桑尼亚维多利亚湖附近高地（海拔 800～1 000 米）引进的野生种质开发而来的。父本为喀麦隆的埃科纳种群，1970 年从喀麦隆引入哥斯达黎加，目前使用的是在哥斯达黎加进行的第一代和第二代育种的 Pisifera 亲本。

该品种果串含油量高,果实中等(8 克),果仁大、果壳薄,茎生长速度适中(56 厘米/年),种植密度为每公顷 143 棵。该品种具有良好的耐旱性和耐低温性,在乌干达、赞比亚和坦桑尼亚海拔 1 000 米以上的种植园中仍表现出早熟特性,且性能优于普通品种。在中美洲和南美洲部分地区,该品种对芽腐病(PC)具有一定的耐受性。

Kigoma 品种生产力、农艺性状以及产量与品质特性见表 5-25 至表 5-27。

表 5-25 Kigoma 品种生产力

指标	种植时间				
	第 1 年	第 2 年	第 3 年	第 4 年	第 5 年
单棵每年果串数	6	25	23	23	18
平均果串质量/千克	3.2	4.6	6.5	8.2	12.3
单棵产量/(千克/年)	19	115	150	189	218
每公顷年产量/吨	2.7	16.4	21.5	27.0	31.2

表 5-26 Kigoma 品种农艺性状

农艺性状	数值
幼苗期	70 天
出圃期	330 天
茎生长率	56 厘米/年
初产期	22 个月
植后第五年第 17 片叶面积	8.1 平方米
植后第五年第 17 片叶柄长度	135 厘米
植后第五年第 17 片叶片长度	651 厘米

表 5-27　Kigoma 品种产量与品质特性

产量与品质特性	数值
26 个月时的性别比（雌花序的百分比）	80%
第 5 年收获时每公顷累计产量	98.8 吨
果实成熟率	67%
单性结实率	2%
单果质量	8 克
中果皮含油率（干燥后）	82%
果串含油率（实验室）	27.0%
果串棕榈油工业提取率（植后第 5 年）	23.5%
棕榈酸含量	43.3%
油酸含量	38.0%
亚油酸含量	10.7%

（10）Bamenda（特殊品种）

该品种的母系是在哥斯达黎加从喀麦隆巴门达地区高地（海拔约 1 200 米）引进的野生材料中选育获得，父本为喀麦隆的 Ekona，1970 年从喀麦隆引入哥斯达黎加。

该品种果串果实较小（6 克），含油量适中，茎生长速度适中（55 厘米/年），叶片长度正常，种植密度为每公顷 143 棵棕榈树。该品种抗逆性强，尤其是低温和干旱，通常种植在海拔 1 000 米以下的地区。同时该品种对常见的茎腐病，冠腐病具有良好的耐受性，在受芽腐病（PC）影响的地区，该品种的发病率较低、症状轻微、恢复速度快。该品种还对突发性萎蔫病（*Phytomonas sp.*）的疾病表现出良好的耐受性。

Bemenda 品种生产力、农艺性状以及产量和品质特性见表 5-28 至表 5-30。

表 5-28　Bamenda 品种生产力

指标	种植时间				
	第 1 年	第 2 年	第 3 年	第 4 年	第 5 年
单棵每年果串数	3	26	25	19	16
平均果串质量 / 千克	3.3	4.2	6.0	8.5	11.3
单棵产量 /（千克 / 年）	9	110	150	160	183
每公顷年产量 / 吨	1.3	15.7	21.5	22.9	26.2

表 5-29　Bamenda 品种农艺性状

农艺性状	数值
幼苗期	70 天
出圃期	330 天
茎生长率	55 厘米 / 年
初产期	24 个月
植后第五年第 17 片叶面积	7.4 平方米
植后第五年第 17 片叶柄长度	129 厘米
植后第五年第 17 片叶片长度	604 厘米

表 5-30　Bamenda 品种产量与品质特性

产量与品质特性	数值
26 个月时的性别比（雌花序的百分比）	80%
第 5 年收获时每公顷累计产量	87.6 吨
果实成熟率	69%
单性结实率	3%
单果质量	6 克
中果皮含油率（干燥后）	71%
果串含油率（实验室）	25.5%
果串棕榈油工业提取率（植后第 5 年）	22.2%
棕榈酸含量	43.9%
油酸含量	37.5%
亚油酸含量	10.5%

（11）Amazon（复合杂交品种）

该品种母本为巴西马瑙斯地区种群，父本为自然杂交种（*E.guineensis*×*E.oleifera*）连续回交的后代 Pisifera。

该品种对中美洲和南美洲多个地区存在的芽腐病具有很强的耐受性，而且由于它们的花序雌雄同体性很低，因此对导致枯萎的病原体（植藻属）的媒介吸引力较小。该品种叶片较短，密度种植可以更高；叶片的叶柄较薄，采收更为方便；且更容易进行自然授粉和辅助授粉。在哥伦比亚的图马科和厄瓜多尔的圣洛伦索等地区，该品种表现出较高的早熟性，第一年采收期其新鲜果串产量优于其他 O×G 杂交品种。在进行辅助授粉时，该品种商业油提取率约为 21%，而在花粉之外施用生长素萘乙酸（NAA）时，油提取率接近 25%。该品种的建议种植密度为每公顷 128 棵。

Amazon 品种生产力、农艺性状以及产量与品质特性见表 5-31 至表 5-33。

表 5-31　Amazon 品种生产力

指标	种植时间				
	第 1 年	第 2 年	第 3 年	第 4 年	第 5 年
单棵每年果串数	15	24	26	31	27
平均果串质量/千克	3.1	4.3	6.9	8.4	10.2
单棵产量/（千克/年）	46	103	179	259	277
每公顷年产量/吨	6.6	14.8	25.6	37.0	39.6

表 5-32　Amazon 品种农艺性状

农艺性状	数值
幼苗期	70 天
出圃期	300 天
茎生长率	25 厘米/年

续表

农艺性状	数值
初产期	22 个月
植后第五年第 17 片叶面积	7.1 平方米
植后第五年第 17 片叶柄长度	140 厘米
植后第五年第 17 片叶片长度	450 厘米

表 5-33　Amazon 品种产量与品质特性

产量与品质特性	数值
26 个月时的性别比（雌花序的百分比）	90%
第 5 年收获时每公顷累计产量	123.6 吨
果实成熟率	55%
单性结实率	10%
单果质量	12 克
中果皮含油率（干燥后）	75%
果串含油率（实验室）	24.2%
果串棕榈油工业提取率（植后第 5 年）	21.0%
棕榈酸含量	32.0%
油酸含量	50.1%

第二节　巴西

一、自然气候

巴西位于南美洲，地处北纬 5° 至南纬 35°，国土面积 851 万平方千米。巴西大部分地区处于热带，北部为热带雨林气候，主要分布在亚马孙盆地，是世界上最大的热带雨林地区之一，全年高温多雨，年均温度在25～28℃，年降水量通常超过2 000毫米；中部为热带草原气候，位于亚马孙盆地的南部和西部，以及巴西高原的部分地区，这些地区有明显的干湿季，干季降水较少，湿季降水较多；南部部分地区为亚热带季风性湿润气候。亚马孙平原年平均气温25～28℃，南部地区年平均气温16～19℃，如圣保罗州和巴拉那州。这些地区气候温和，四季分明，降水量适中。

油棕种植主要分布在巴伊亚州、帕拉州和阿马帕州，这里的气候条件非常适合油棕的生长。

二、油棕种植历史

油棕在巴西的种植历史可以追溯到20世纪初，但其规模和重要性在最近几十年才显著增长。20世纪初，油棕的引入主要是为了实验和研究，最早的油棕种植试验通常集中在巴西北部的亚马逊地区。20世纪20年代，巴西政府对油棕的兴趣增加，开始尝试在亚马逊地区进行商业化种植。这一时期的种植活动相对有限，主要集中在科研和小规模试验中。巴西油棕产业起始于20世纪50年代，最初在巴伊亚州建立小型榨油厂，这些工厂处理从自然发生或半自然油棕中收集的油棕果串，同时巴伊亚州也建立了第一批油棕种植园。20世纪60年代，随着对油棕经济潜力的认识增加，巴西政府和私人企业开始扩大油棕种植面积。此时，亚马孙地区和巴西东北部成为主要的种植区域。20世纪70年代，巴西政府出台了一些政策以促进油棕的种植，特别是在亚马逊地区的开发项目中，油棕被视为一种重要的经济作物。这个时期，巴西也开始引进先进的油棕栽培技术，以提高产量。

1990年，巴西油棕种植进入快速增长阶段。此时，巴西东北部和中西部地区的油棕种植面积大幅增加。政府推动了一系列的政策措施，如财政补贴和技术支持，来促进油棕产业的发展。2000年初，油棕种植面积继续扩大，特别是在巴西的亚马逊地区和巴西东北部。这一时期的增长得益于全球对棕榈油需求的增加以及巴西政府的支持政策。2000年，巴西成为世界上主要的棕榈油生产国之一。大规模的油棕种植园在亚马逊地区和巴西东北部继续扩张。油棕产业成为巴西经济的重要组成部分，同时也带来了环境保护和社会问题的挑战。

2010年至今，巴西政府和企业对油棕种植的关注继续增加，但也面临着环境保护和可持续发展的问题。许多组织和公司开始关注可持续的油棕种植实践，以减少对环境的影响，并应对全球市场对可持续棕榈油的需求。目前巴西政府正在制定"PRO-OLEO"政策，以提供必要激励措施，鼓励棕榈油和其他植物油的生产和使用，特别是作为柴油的替代品。

三、油棕产业情况

（一）油棕种植概况

FAO数据显示，巴西2002年油棕收获面积为8万公顷，2021年收获面积为20万公顷，20年间增加了1.5倍，2002—2021年巴西油棕收获面积平均为12万公顷。总体来看，2002—2013年间的收获面积增长率都较为平缓，2014—2017年逐渐降低，2018年达40%，随后又逐渐降低（图5-5）。巴西目前单位面积产量约15吨/公顷，近5年单产水平较为稳定。

巴西目前是世界第十大棕榈油生产国，也是生产可持续性的榜样，巴西立法要求油棕只在已经退化的地区种植。

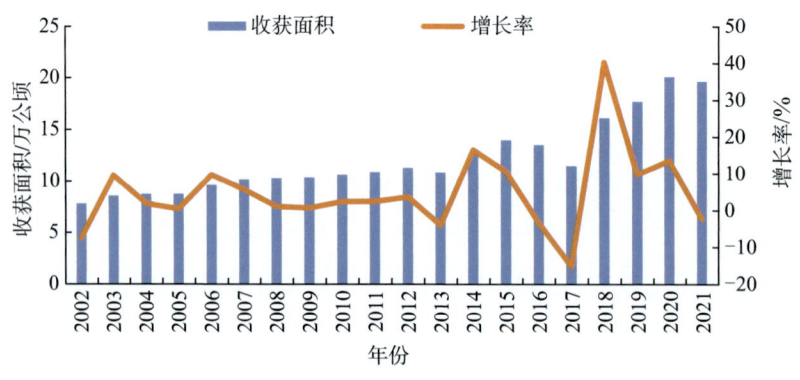

图 5-5　2002—2021 年巴西油棕收获面积
（数据来源：FAO）

2002—2021 年巴西油棕产量平均为 149 万吨，整体呈上升趋势（图 5-6），2002 年巴西的油棕产量为 72 万吨，2021 年油棕产量增加至 289 万吨，增长 301.4%，年均增长率为 7.6%，2018 年油棕产量增长率达 33%，近年来年增长率逐渐下降。2002—2021 年巴西油棕单位面积产量在 9~15 吨/公顷（图 5-7）。

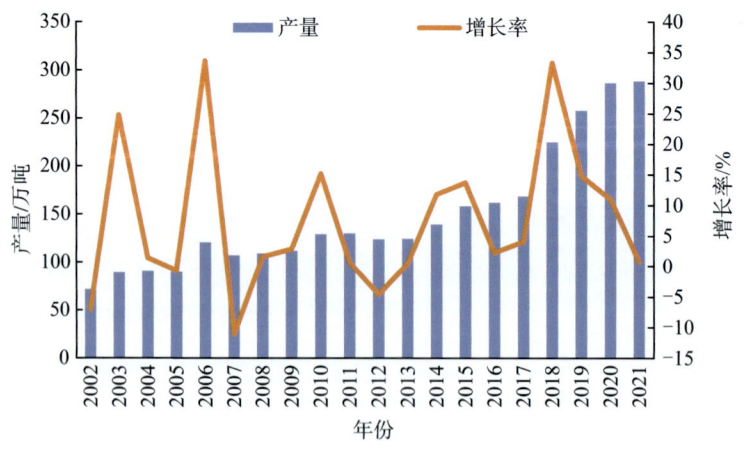

图 5-6　2002—2021 年巴西油棕产量
（数据来源：FAO）

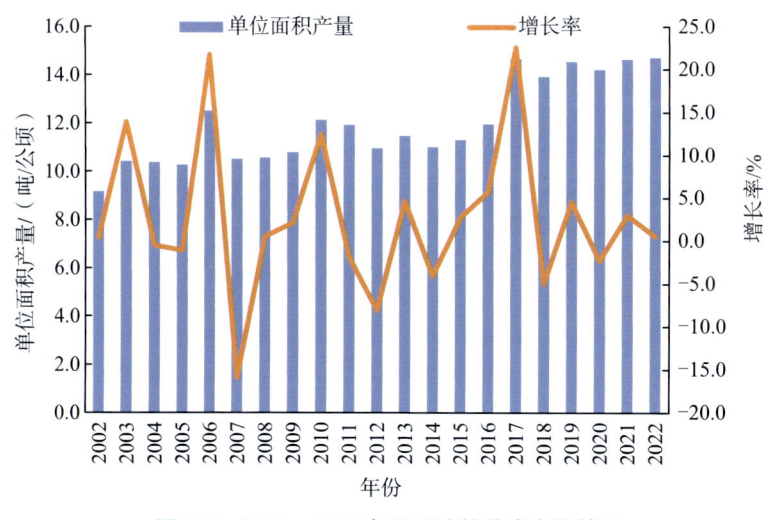

图 5-7　2002—2022 年巴西油棕单产变化情况

（数据来源：FAO）

（二）棕榈油生产和消费概况

2002—2021 年巴西棕榈油产量平均值为 30 万吨，且整体呈上升趋势，最大值为 2021 年的 57.9 万吨，最小值为 2002 年的 11.8 万吨，增长率为 391%。棕仁油产量远低于棕榈油产量，2002—2021 年棕仁油产量的平均值为 8 万吨，2002—2013 年产量不断上升，2014—2021 年产量呈下降趋势，最大值为 2013 年的 12.7 万吨，最小值为 2014 年的 5.6 万吨（图 5-8）。

巴西生产的棕榈油既有来自种植园的，也有来自半自然生长的油棕，其中半自然油棕目前占总油产量的 50%，但随着更多种植园投入生产，这一比例预计将下降。

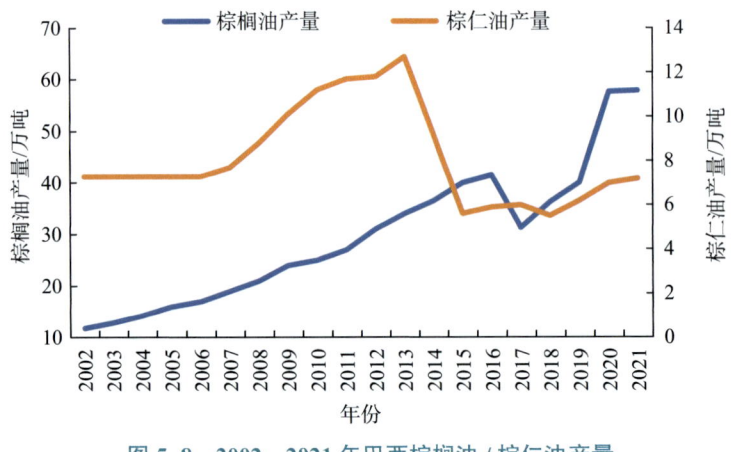

图 5-8　2002—2021 年巴西棕榈油/棕仁油产量
（数据来源：FAO）

Agropalma 被认为是美洲大陆最大的可持续棕榈油生产商，最大的生产区位于帕拉州的泰兰迪亚市，总面积 10.7 万公顷，其中 6.4 万公顷为森林保护区，3.9 万公顷种植油棕树。该公司在贝伦市和圣保罗州内陆的利梅拉进行棕榈油和棕仁油的精制、分馏等加工程序。

（三）产业贸易现状

2012—2021 年巴西棕榈油的进口量均远大于出口量，2012 年棕榈油净进口量为 16 万吨，2021 年棕榈油净进口量为 35 万吨，整体呈上升趋势（图 5-9）。棕榈油的出口价格高于进口价格，2021 年出口价格约为 1 396 美元/吨，进口价格约为 1 079 美元/吨。

巴西的棕榈油主要用于国内消费，尤其是在食品工业、镀锡工业和肥皂制造业中。由于很多棕榈油用于工业用途和国内消费，对油的质量关注较少，因此生产的棕榈油中游离脂肪酸含量可能较高，一般在 6%～10%，有时甚至更高。

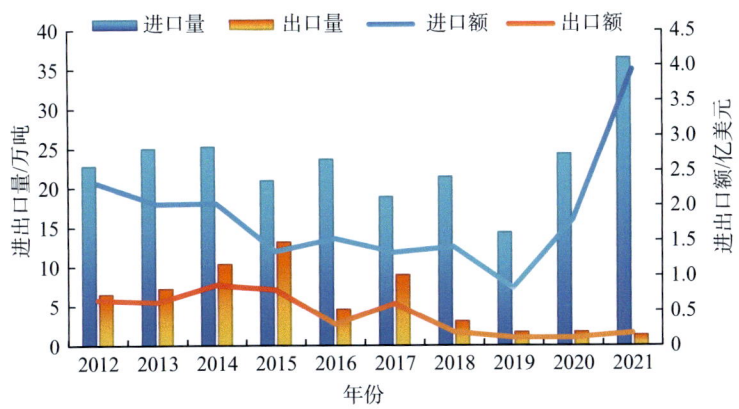

图 5-9 2012—2021 年巴西棕榈油进出口情况
（数据来源：FAO）

2012—2021 年巴西棕仁油的进口量均远大于出口量，2012 年棕仁油净进口量为 16 万吨，2021 年棕仁油净进口量为 24.5 万吨，整体呈上升趋势（图 5-10）。棕仁油的出口价格高于进口价格，2021 年出口价格约为 1 904 美元/吨，进口价格约为 1 347 美元/吨。

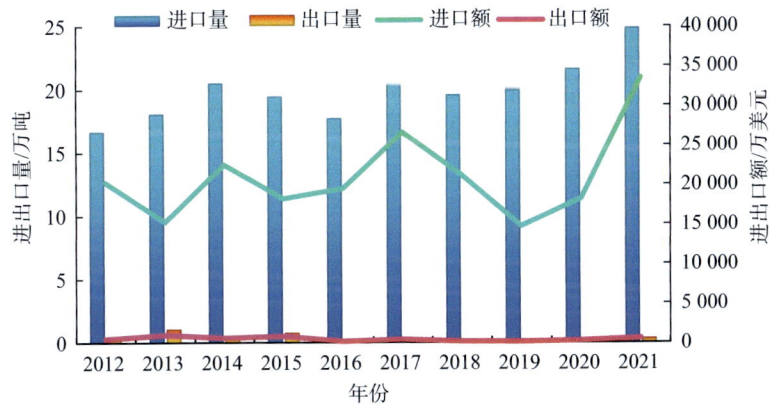

图 5-10 2012—2021 年巴西棕仁油进出口情况
（数据来源：FAO）

四、油棕种质资源鉴定和品种培育

（一）油棕资源的类型和特性

巴西油棕的主栽品种是非洲油棕（*Elaeis guineensis*），这是因为相比于本地的油棕品种（caiaué，*Elaeis oleifera*），非洲油棕具有更高的产量潜力。非洲油棕在巴西的栽培可以达到每公顷 7 吨的原油棕榈（CPO），而 caiaué 品种的平均产量大约只有每公顷 2 吨。

Elaeis guineensis 属于 Aceraceae 科，与椰子和枣椰属于同一科，原产于西非。该品种生长的关键气候因素有降水量、温度、太阳辐射和相对湿度。油棕需要年降水量至少 2 500 毫米或每月至少 150 毫米的均匀分布，在微酸性、排水良好的土壤中才能达到最佳生长。此外，油棕在热带湿润地区生长良好，温度范围为 22～32℃，湿度超过 75%。在巴西，主要的油棕生产州帕拉（Pará）具有超过 2 800 毫米的降水量，年均温度为 26℃，湿度超过 70%，即使在较为干燥的 8 月和 9 月，降水量也超过 100 毫米。

（二）新品种培育

1. 新品种培育单位和育种水平

巴西农业研究所（Embrapa）成立于 1973 年 4 月 26 日，隶属于巴西农业、畜牧业和食品供应部。自成立以来，与国家农业研究系统的合作伙伴共同迎接挑战，开发真正的巴西热带农业和畜牧业模式，克服限制本国粮食、纤维和燃料生产的障碍。这一行动促进了巴西的改变。如今，巴西农业是地球上最高效和最可持续的农业之一。

Embrapa 在油棕研究方面做出了重要贡献，包括开发抗病害杂交品种以提高对致命黄化病的抵抗力，推动农业生态区划研究以确保油棕种植的环境可持续性，提供技术指南和培训以提升油棕种植者的管理能力，以及参与政策和法规的制定，旨在促进油棕产业的可持续发展并包容农村贫困群体。此外，Embrapa 还进行了土壤、气候和油棕遗传资源的研究，以提高油棕的生产力和适应性，并通过国际合作项目分享巴西在油棕研究和实践方面的经验。

2. 品种特性

非洲油棕对种名为"amarelecimento fatal"（致命黄化病）的疾病较为敏感，这是一种以叶片黄化为特征的腐烂病，自 20 世纪 70 年代以来在巴西一直是油棕种植业的主要农艺挑战之一。为了应对这一挑战，巴西已经开始试验和采用一些杂交品种，这些杂交品种结合了非洲油棕和 caiaué 品种的优势特性，以提高对致命黄化病的抵抗力。

其中一个杂交品种是 BRS Manicoré，由 Embrapa 在 2010 年正式推出。该品种分别在 Denpasa 种植园、Codenpa 种植园进行了测试。尽管 BRS Manicoré 在提高产量方面取得了成功，但通过辅助授粉提高产量的方法也增加了大约 15% 的总生产成本，这可能会影响其被采纳的速度。

此外，Marborges 公司也开发了一个名为 Marborges Inducoari 的杂交品种，并于 2014 年注册。Marborges 已经在约 770 公顷的土地上种植了该杂交品种。

第三节　哥伦比亚

一、自然气候

哥伦比亚位于南美洲北部，地处北纬1°至南纬1°，国土面积114万平方千米。哥伦比亚的亚马孙地区和太平洋沿岸地区属于热带雨林气候，全年高温多雨，年均温度在24~28℃，年降水量丰富，通常超过2 000毫米。在哥伦比亚的东部平原和中部高原地区，气候较为干燥，降水量适中，有明显的干湿季，年均温度在20~25℃。哥伦比亚的安第斯山脉地区，由于海拔高度不同，气候类型多样。高海拔地区气候寒冷，降水量较少，而中低海拔地区则气候温和，降水量适中。

哥伦比亚的油棕主要栽培区集中在该国的低地热带地区，拉斯马拉比斯省（La Meta）是哥伦比亚最大的油棕生产区之一，种植面积广泛。瓜希拉省（Guajira）位于东北部，也是重要的油棕生产区域。塞萨尔省（Cesar）油棕种植面积大，产量高。

二、油棕种植历史

哥伦比亚在1932年开始引进油棕，并在政府鼓励种植油料作物的政策下，Middle Magdalena南部地区开始尝试种植。在接下来的几十年里，尤其是20世纪后半叶，哥伦比亚的油棕种植面积显著增加。1999年，油棕种植面积为15公顷，而到了2003年，这一数字迅速增长到21万公顷，显示出该时期油棕种植业的快速扩张。2004年，种植面积继续扩大，达到24万公顷。

随着种植面积的增加,哥伦比亚的棕油和棕仁油产量也大幅上升。2006 年的棕油产量达到 69 万吨,高于 2005 年的水平,同比增幅达到 5.34%。棕榈油和棕仁油逐渐成为哥伦比亚重要的出口农产品,提高了该国的国际竞争力。经过多年的发展,油棕已成为哥伦比亚最重要的农作物之一,而棕榈油和棕仁油也成为国内油脂产业的重要原材料。

三、油棕产业情况

(一)油棕种植概况

联合国粮食及农业组织(FAO)数据显示,2002 年哥伦比亚油棕收获面积为 15 万公顷,2021 年哥伦比亚油棕收获面积为 50 万公顷,增长率为 233%,年增长率为 6.54%,2002—2021 年哥伦比亚油棕年平均收获面积为 28 万公顷。总体来看,2002—2021 年哥伦比亚油棕收获面积呈上升趋势,2017 年增长率达 46%,随后趋于稳定(图 5-11)。哥伦比亚目前单位面积产量约 16 吨/公顷,近 5 年单产水平略有下降。

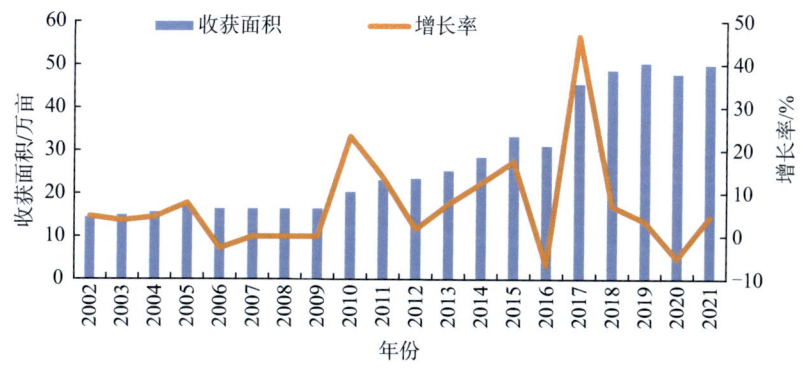

图 5-11　2002—2021 年哥伦比亚油棕收获面积
(数据来源:FAO)

2002—2021年哥伦比亚油棕产量平均为499万吨，整体呈上升趋势，2002年哥伦比亚的油棕产量为260万吨，2021年油棕产量增加至788万吨，增长203%，年均增长率为6%，2017年油棕产量增长率达最大值41%，2020年油棕产量增长率达最小值-14.5%（图5-12）。2002—2022年哥伦比亚油棕单位面积产量在15～20吨/公顷（图5-13）。

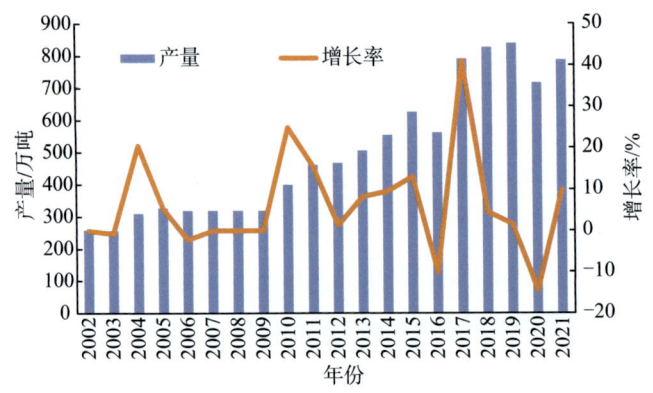

图5-12　2002—2021年哥伦比亚油棕产量
（数据来源：FAO）

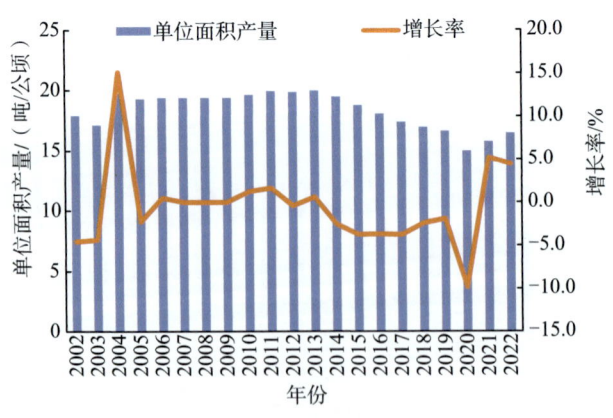

图5-13　2002—2022年哥伦比亚油棕单产变化情况
（数据来源：FAO）

（二）棕榈油生产和消费概况

2002—2021 年哥伦比亚棕榈油产量平均值为 103 万吨，且整体呈上升趋势，最大值为 2021 年的 174.8 万吨，最小值为 2002 年的 52.8 万吨，增长率为 231%。棕仁油产量远低于棕榈油产量，2002—2021 年棕仁油产量的平均值为 8.7 万吨，整体呈上升趋势，最大值为 2017 年度 13.4 万吨，最小值为 2002 年的 5.3 万吨（图 5-14）。

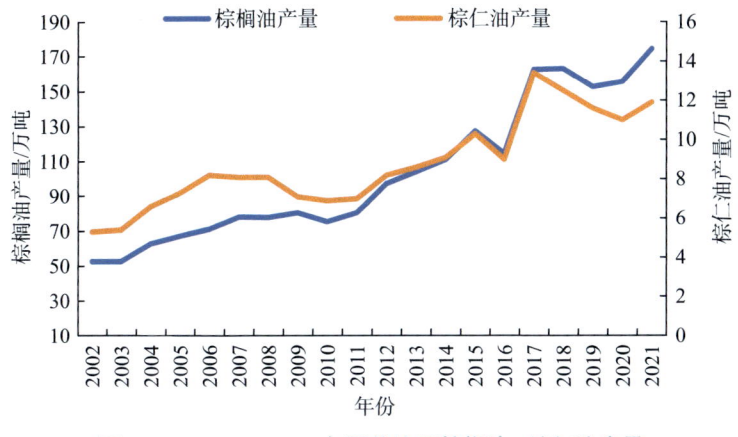

图 5-14　2002—2021 年哥伦比亚棕榈油 / 棕仁油产量

（数据来源：FAO）

哥伦比亚是世界上第五大棕榈油生产国，也是南美洲和中美洲最大的棕榈油生产国，占全球油棕榈产量的 2%。油棕榈种植园是农村地区的重要就业来源。哥伦比亚的棕榈油和棕榈仁产量随着种植面积的扩大和单位面积产量的提高而稳步增长。然而，由于花蕾腐烂病和其他病原体的传播，产量增长在一定程度上受到了限制。近年来，哥伦比亚的棕榈油提取率（OER）趋于下降，而棕榈仁提取率（KER）则有所上升，这与马来西亚的趋势相反。

（三）产业贸易现状

2012—2021年哥伦比亚棕榈油的出口量均大于进口量，2012—2020年棕榈油净出口量逐年增加，2012年棕榈油净进口量为5万吨，2020年棕榈油净进口量为40万吨，2021年棕榈油净出口量有所下降，为26.7万吨（图5-15）。每万吨棕榈油的出口价格与进口价格相当，2021年出口价格约为1 113美元/吨，进口价格约为1 155美元/吨。

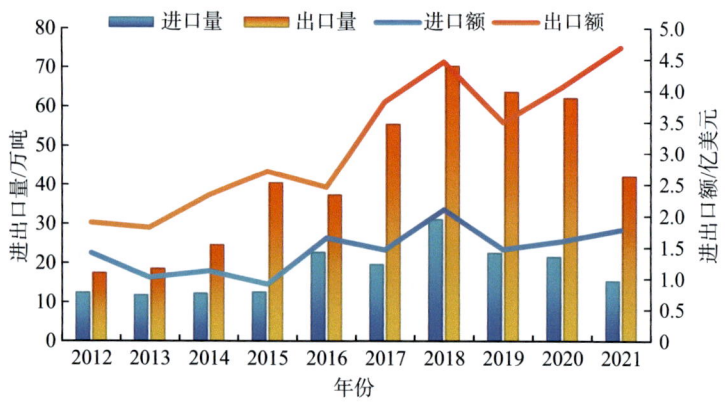

图5-15　2012—2021年哥伦比亚棕榈油进出口情况

（数据来源：FAO）

2012—2021年哥伦比亚棕仁油的出口量均远大于进口量，2012年棕仁油净出口量为4.5万吨，2021年棕仁油净出口量为6.4万吨，整体呈上升趋势（图5-16）。棕仁油的出口价格高于进口价格，2021年出口价格约为1 426美元/吨，进口价格约为825美元/吨。

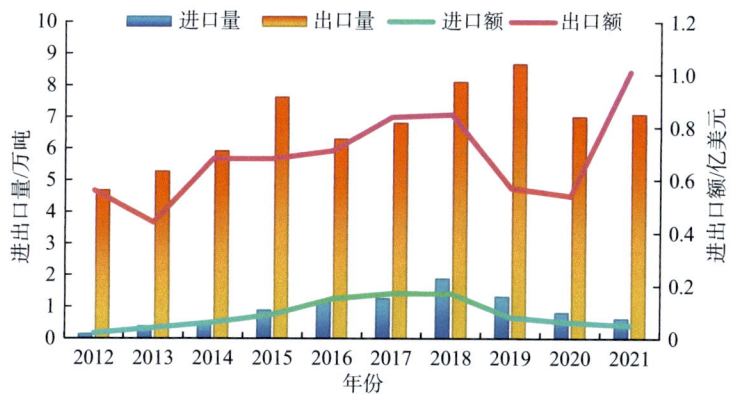

图 5-16 2012—2021 年哥伦比亚棕仁油进出口情况

(数据来源：FAO)

四、油棕种质资源鉴定和品种培育

（一）油棕资源的类型和特性

哥伦比亚油棕的主栽品种是非洲油棕（*Elaeis guineensis*），这与全球油棕产业的主流品种一致。非洲油棕因其较高的产量和对各种环境条件的适应性而被广泛种植。

（二）新品种培育

1. 新品种培育单位和育种水平

（1）Fedepalma

Fedepalma 是哥伦比亚油棕榈种植者国家联合会（National Federation of Oil Palm Growers of Colombia）的简称，是代表油棕榈种植者利益的组织，致力于提高棕榈油产业的环境、社会和经济可持续性。Fedepalma 成立于 2004 年，是可持续棕榈油圆桌倡议（RSPO）的成员，推动在哥伦比亚实施 RSPO 的准则和认证。该组织由小型、中型和大型油棕榈种植者组成，负责协调高效的油生产，棕榈油被用于生产多种产品，包括即食汤、冷冻食品、口红、肥皂、洗发水和洗涤剂等。据世界自然基金会（WWF）称，超市中 1/10 的产品含有棕榈油。Fedepalma 强调油棕榈种植对环境友好，根据加拿大圭尔夫大学的研究，在哥伦比亚，油棕榈种植并未导致森林砍伐，1989—2013 年油棕榈种植面积增加了 69.5%，但与此相关的森林砍伐面积为 0。这是因为自 2001 年以来创建的 91% 的新油棕榈种植园是原本用于种植其他作物的地区。Fedepalma 还与联合国和其他致力于生物多样性保护的组织合作，创建了"棕榈景观生物多样性"项目，该项目识别和记录了 1 000 多种植物（其中一些具有高保护价值）和 90 多种哺乳动物（其中 28 种具有高保护价值）生活在油棕榈种植园附近。

（2）CeniPalma

CeniPalma 全称 Colombian Oil Palm Research Centre（哥伦比亚油棕研究中心），是一个专注于油棕研究的机构。该机构位于哥伦比亚的首都波哥大，致力于油棕种植技术的研究与开发，包括油棕的生长条件、产量提升、疾病防控等，开展的研究有助于提高油棕产业的生产效率和可持续性，对油棕种植区域的土壤、气候等条件进行评估。同时，CeniPalma 与 FEDEPALMA（Federación Nacional de Cultivadores de Palma de Aceite，全国油棕种植者联合会）等组织合作，共同推动哥伦比亚油棕产业的发展，并为油棕产业提供油棕种植面积、产量、提取率等关键指标的重要数据支持。CeniPalma 开发了作为芽腐病（CP）病原体的棕榈疫霉分子的检测方案，以便及时验证该生物体的存在；用荧光蛋白对棕榈疫霉进行遗传转化，以组织学监测感染过程，从而有助于鉴定 Elaeis 属内的耐药源；鉴定参与油棕豆皋疫霉抗性或敏感性反应的主要基因；鉴定油棕疫霉的毒力蛋白（效应子），并研究与抗性和/或易感品种的相互作用，以加速寻找 Elaeis 属的抗性来源；从哥伦比亚分离株中组装出对油棕致病的棕榈疫霉基因组；开发了一种分子标记，可以通过对 SHELL 基因的等位基因变体进行基因分型，预测苗圃阶段的油棕类型（dura，tenera，pisifera）。

2. 品种特性

哥伦比亚和拉丁美洲油棕种植的主要威胁是芽腐病（CP），芽腐病会减少油棕产量，进而影响棕榈油整体产量，造成经济损失。除了制定控制芽腐病的管理策略外，培育抗性品种对油棕的可持续种植是十分必要的。目前为止，*Elaeis oleifera* × *Elaeis guineensis*（O×G）杂交种对芽腐病表现出一定的抗性。CeniPalma 也在进行相关研究，致力于培育出产量好、油质量好、抗病、适应哥伦比亚农业气候条件的油棕品种。

第四节　洪都拉斯

一、自然气候

洪都拉斯位于中美洲北部，地处北纬 12°～16°，国土面积 11 万平方千米。洪都拉斯属于热带气候，沿海平原属热带雨林气候。年平均气温 23℃；雨量充沛，北部滨海地带和山地向风坡年降水量高达 3 000 毫米。洪都拉斯全年平均温度在 16～27℃。白天平均气温为 27℃，夜间平均气温为 16℃。最热月（5月）平均气温为 18～30℃，最冷月（1月）平均气温为 14～25℃。

洪都拉斯的油棕主要栽培区集中在加勒比海沿岸。科尔特斯省（Cortés）位于洪都拉斯的北部，是主要的油棕生产区之一，拥有大量的油棕种植园。巴亚斯省（Yoro）位于洪都拉斯中部，也是重要的油棕产区。圣佩德罗苏拉周边地区由于其靠近主要的经济中心和港口，这些地区的油棕种植也相对集中。这些地区的气候条件，尤其是热带气候和高降水量，非常适合油棕的生长。洪都拉斯的油棕产业正在增长，主要用于生产棕榈油，供给国内市场和出口。

二、油棕种植历史

洪都拉斯油棕的种植始于20世纪30年代。最初，油棕种植主要集中在洪都拉斯的北部沿海地区，特别是在加勒比海沿岸的科伦群岛地区。20世纪40年代和50年代，洪都拉斯政府开始认识到油棕产业的潜力，并逐步促进其发展。

1960—1970年，洪都拉斯的油棕种植面积显著扩大。政府和私人公司都积极投资于油棕种植和加工设施。这一时期的增长受到全球对植物油需求增加的推动，同时也得到政府政策的支持，比如提供财政补贴和技术援助。

从1980—2000年，洪都拉斯的油棕产业经历了现代化进程，包括引进先进的种植技术和提高产量的努力。但该行业也面临了一些挑战，如土地使用冲突、环境问题（如森林砍伐）和社会问题（如劳动条件）。

洪都拉斯的棕榈油生产已成为经济的重要组成部分。它为洪都拉斯经济贡献了4亿美元，使其成为该国的主要出口产品之一。棕榈油在洪都拉斯已经种植了近100年，直到2000年，棕榈油作为一种经济作物稳步增长。自2000年以来，在香蕉出口下降的同时，棕榈油生产的土地利用量增加了5倍。在过去20年中，棕榈油的大幅增长是洪都拉斯政府激励棕榈油生产的经济政策的直接结果。这些政策针对小农户的补贴、税收减免和资金,以鼓励增加对棕榈油生产土地的开采。

三、油棕产业情况

(一)油棕种植概况

洪都拉斯是中美洲种植面积和棕榈油产量最大的国家。根据联合国粮食及农业组织数据显示,2002年洪都拉斯油棕收获面积为6万公顷,2021年洪都拉斯油棕收获面积为22万公顷,20年间增加了2.7倍,2002—2021年洪都拉斯油棕收获面积呈上升趋势,平均为13万公顷,增长率均大于0,且在2015年达到最大增长率19%(图5-17)。

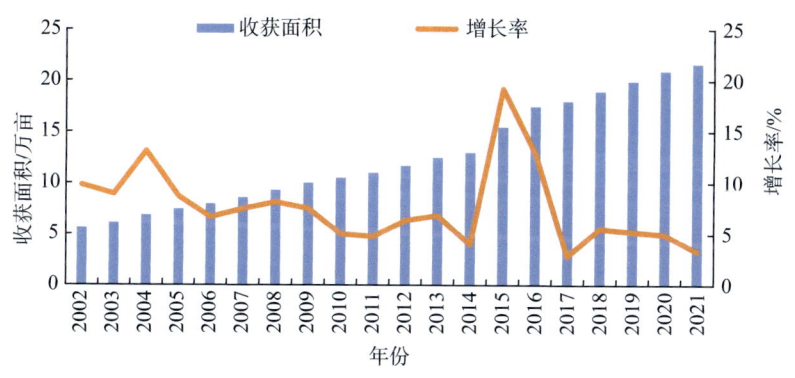

图5-17　2002—2021年洪都拉斯油棕收获面积
(数据来源:FAO)

洪都拉斯在41个城市设有种植园,超过60%的种植园由小型生产者管理,面积为1~25公顷(图5-18)。小型生产者的单产水平约为12吨/公顷,大型种植园的单产水平约为17吨/公顷。

图 5-18　萨拉马（Salama）小农合作社油棕景观和河岸带

资料来源：https://www.intechopen.com/chapters/88652

2002—2021 年洪都拉斯油棕产量平均为 173 万吨，整体呈上升趋势，2002 年洪都拉斯的油棕产量为 80 万吨，2021 年油棕产量增加至 214 万吨，20 年间增长 168%，年均增长率为 5.3%，2006 年油棕产量增长率达 46%，近年来年增长率逐渐下降，年产量也略有减少（图 5-19）。2002—2022 年马来西亚油棕单位面积产量在 9.4～17.8 吨/公顷（图 5-20）。

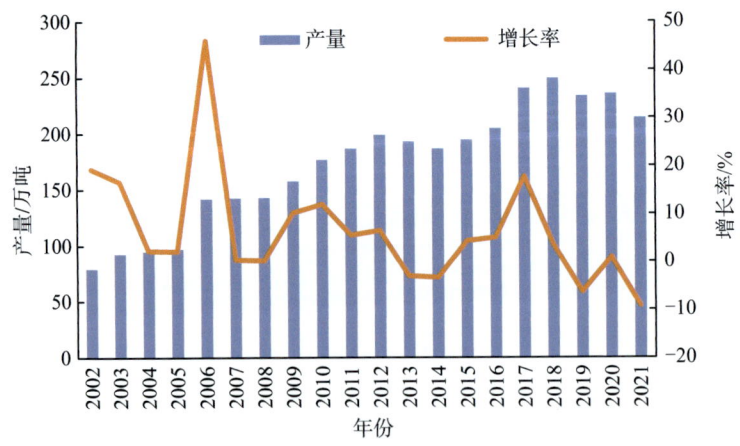

图 5-19　2002—2021 年洪都拉斯油棕产量

（数据来源：FAO）

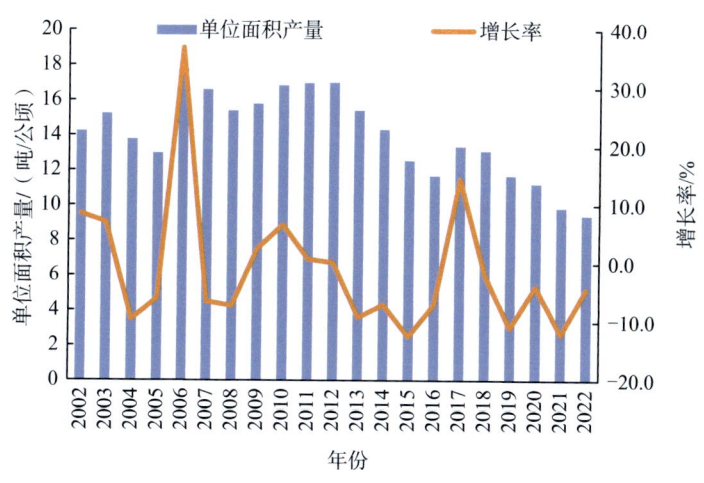

图 5-20 2002—2022 年洪都拉斯油棕单产变化情况

（数据来源：FAO）

棕榈油行业有 15 家工厂（5 家炼油厂），其中 10 家属于经济社会部门的公司（基于国家法律的社会模式），仅有 5 家为私营公司。

（二）棕榈油生产和消费概况

2002—2021 年洪都拉斯棕榈油产量平均值为 41 万吨，且整体呈上升趋势，2002 年棕榈油产量最低，为 12.7 万吨，2019 年产量最高，为 70.7 万吨，增长率为 412%。棕仁油产量远低于棕榈油产量，2002—2021 年棕仁油产量的平均值为 4.4 万吨，整体呈上升趋势（图 5-21）。2021—2022 年洪都拉斯棕榈油产量为 600 000 吨，内部消耗量为 40%。

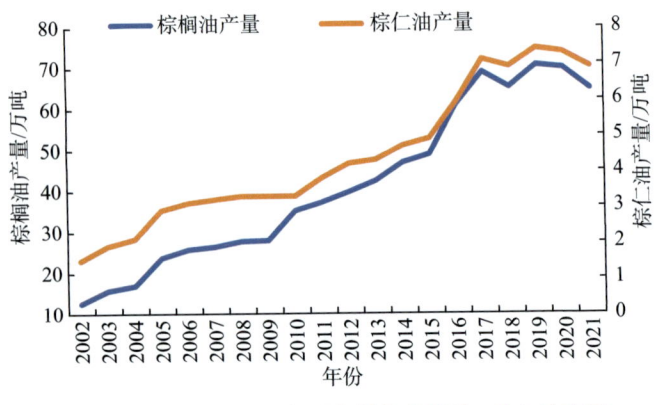

图 5-21　2002—2021 年洪都拉斯棕榈油 / 棕仁油产量

（数据来源：FAO）

（三）产业贸易现状

2012—2021 年洪都拉斯棕榈油的出口量均远大于进口量，2012 年棕榈油净出口量为 25.6 万吨，2021 年棕榈油净出口量为 13.3 万吨，整体呈下降趋势（图 5-22）。棕榈油的出口价格高于进口价格，2021 年出口价格约为 1 244 美元 / 吨，进口价格约为 956 美元 / 吨。

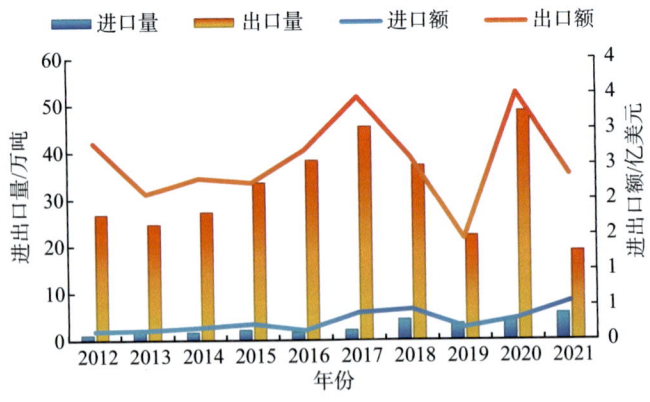

图 5-22　2012—2021 年洪都拉斯棕榈油进出口情况

（数据来源：FAO）

洪都拉斯棕榈油的主要出口国是欧盟，其次是墨西哥等中美洲国家。棕榈油出口是洪都拉斯的重要外汇来源。

2012—2021年洪都拉斯棕仁油的出口量均远大于进口量，2012年棕仁油净出口量为2.9万吨，2021年棕榈油净出口量为2.5万吨，整体趋于稳定（图5-23）。棕榈油的出口价格远高于进口价格，2021年出口价格约为1 479美元/吨，进口价格仅为579美元/吨。

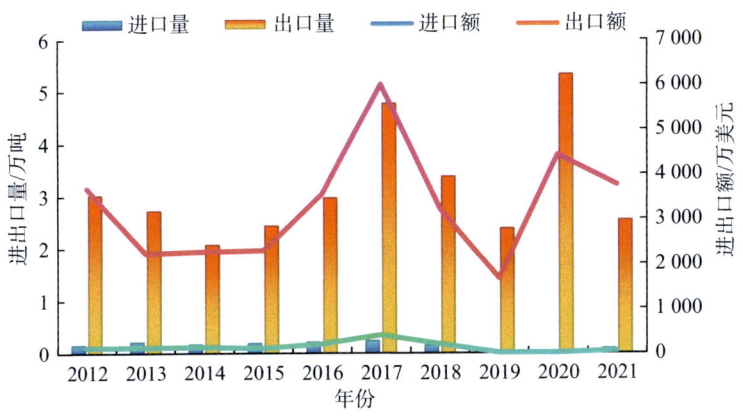

图5-23　2012—2021年洪都拉斯棕仁油进出口情况

（数据来源：FAO）

四、油棕种质资源鉴定和品种培育

（一）油棕资源的类型和特性

Tenera品种是洪都拉斯最主要的油棕种植品种。Tenera是Dura和Pisifera品种的杂交后代，结合了两个品种的优点，具有高油脂含量和较薄的外壳，是商业生产中的主要选择。

(二)新品种培育

洪都拉斯目前尚无油棕相关研究报告,EACLiberacion 是洪都拉斯棕榈油生产相关的协会,也是热带雨林联盟认证的世界上第一个可持续棕榈油协会。

第六章

未来发展与展望

棕榈油作为一种热带木本植物油，是目前世界上生产量、消费量和国际贸易量最大的植物油品种之一，与大豆油、菜籽油并称为"世界三大植物油"。根据美国农业部的预测，2023/2024年度，全球棕榈油产量将达到7 946万吨，占全球植物油总产量的35.6%；棕榈油出口量达到5 071万吨，占植物油贸易总量的56.4%；全球棕榈油消费量达到7 473万吨，占植物油消费量的36.0%，均稳居第一。因此，棕榈油在世界食用油供给上发挥了重要作用。

未来油棕产业面临需求持续增长、供应端挑战和市场竞争激烈等挑战。在市场竞争中，尤其大型种植企业和科研机构拥有丰富的种质资源，在新品种培育和品种更新换代等方面发挥重要作用。优异种质资源的收集和交换对未来油棕资源和育种至关重要，随着各国对资源保护意识增强，资源交流难度增大，加强不同国家、地区和研究单位资源交流，充分发掘种质优异特性，培育突破性的高产、优质和抗逆油棕新品种，提高产量和品质，是棕榈油在食用油市场竞争中立足的关键。

目前油棕资源和育种研究和产业发展中主要存在种质资源挖掘和创新利用不足、重要性状形成机理不清、育种技术落后等限制产业发展的关键问题，推动育种理论和育种技术创新是油棕种业发展的关键，利用先进的生物技术，实现油棕应用基础理论和技术新突破。聚焦高产、优质、抗逆新品种缺乏的产业瓶颈等生产关键技术问题，突破全基因组选择等育种技术，实现高效精准品种选育，重点开展以下研究：

一、油棕资源精准评价及重要性状解析

针对油棕种质资源评价体系不健全，精准评价不足，重要性状形

成的调控网络不清等问题，通过对油棕资源高产、优质、抗逆等特性的精准评价，筛选优异种质，为新种质创制和突破性品种培育提供育种材料；获取重要种质资源的基因表达图谱、代谢产物、DNA 甲基化水平、组蛋白修饰变化和三维动态变化等数据，建立转录组、代谢组、表观组以及三维基因组等多组学数据库，开发多组学数据整合分析方法，为重要农艺性状遗传基础、调控机制解析和基因挖掘提供支撑；开展油棕高产、高油酸和抗逆的适应性和调控形成机理研究，解析上述重要性状形成的分子机制；利用多组学技术解析油棕高产形成、脂肪酸合成调控机制、抗逆适应性机制等，挖掘油棕脂肪酸合成调控基因及抗逆调控基因等；通过全基因组关联分析，挖掘油棕高产性状的关联基因，解析高产的遗传基础。

二、热带木本油料作物育种技术创新与新品种培育

以油棕优异资源等为研究对象，开展育种技术创新研究，选育新品种。配置以优良种质资源为亲本的杂交组合，创制杂交群体，通过群体产量、脂肪酸组分和抗逆性状评估亲本的遗传效应和配合力，筛选优良亲本及优势杂交组合，在杂交群体中对分子标记进行验证，开发重要性状早期选择的 SNP、KASP 标记。利用已构建的杂交群体和自然群体，开展全基因组关联分析估算 SNP 对重要性状的遗传效应，开发高产、优质、抗逆相关育种芯片及分子标记；筛选重要性状的预测模型并优化参数，构建全基因组选择技术体系。优化油棕转基因载体和转化条件，开展农杆菌介导的遗传转化技术研究和非组培依赖的遗传转化技术研究，建立遗传转化体系；综合利用杂交育种、分子标记辅助选择和全基因组选择技术，培育高产、优质、抗逆新品种。

综上所述，未来油棕资源和育种面临诸多挑战与机遇。尽管资源的引进和交流受到一定限制，但全球科学技术进步将为加快油棕育种提供有力支撑。技术创新和新育种技术应用成为油棕资源育种发展的重要方向，培育一系列高产、优质、抗逆，提高棕榈油产量和品质，以应对未来的市场挑战和机遇。

参考文献

BARCELOS E, RIOS S A, CUNHA R N V, et al., 2015. Oil palm natural diversity and the potential for yield improvement [J]. Front Plant Science, 6: 190.

CAROLINE H, 2022.Land and formalization turned land rush: The case of oil palm in Papua New Guinea [J]. Land Use Policy, 112: 105818

CARRASCO L R, Larrosa C, Milner‐Gulland E J, 2014. A double‐edged sword for tropical forests [J]. Science, 346: 38-40.

Corley R H V, 2009. How much palm oil do we need？[J]. Environ Science Policy, 12: 134-139.

DDAMULIRA G, ASIIMWE A, MASIKA F, et al., 2020, Growth and yield parameters of Introduced oil palm crop in uganda [J]. Journal of Agricultural Science, 12（11）: 299.

DISSOU, M, 1972. Développement et mise en valeur des plantations de palmier àhuile au Dahomey [J]. Cahiers d'études africaines, 12: 485-499.

GASCON J P, DE B C, 1964. Caractéristiques de la production d'Elaeis guineensis（Jacq.）de diverses origines et de leurs croisements: application à la sélection du palmier àhuile [J]. Oléagineux, 19: 75-84.

HARTLEY C W S, 1957. Oil palm breeding and selection in Nigeria [J]. Journal of the West African Institute of Oil Palm Research, 2: 108-115.

HENSON I E, RUIZ-ROMERO R, ROMERO H M, 2011 .The Growth

of the Oil Palm Industry in Colombia [J] . Journal of Oil Palm Research, 23: 1121-1128.

JACKSON T A, CRAWFORD J W, Traeholt C, et al., 2019. Learning to love the world's mosthated crop [J] . Oil Palm Research, 31 (3): 331-347.

MASIKA F B, DANSO I, Nangonzi R, et al., 2020. Occurrence and severity of physiological disorders of oil palm (Elaeis guineensis Jacq. L.) in Uganda [J] . Journal of Agricultural Science (Toronto), 12 (10): 86-96.

MATHEWS J, FOONG L C, 2010. Yield and harvesting potentials [J] . Planter, 86, 699-709.

MURUGESAN P, KUMAR K S, MATHUR R K, 2016.Enriching oil palm genetic resource in India [J] . Indian Horticulture, 4: 61.

MYINT K, YAAKUB Z, RAFII M, et al., 2021.Genetic Diversity Assessment of MPOB-Senegal Oil Palm Germplasm Using Microsatellite Markers [J] . BioMed Research International, 6: 620-645.

MYINT K A, AMIRUDDIN M D, RAFII M Y, et al. , 2019.Genetic diversity and selection criteria of MPOB-Senegal oil palm (Elaeis guineensis Jacq.) germplasm by quantitative traits [J] . Industrial Crops and Products, 139: 111558.

RUYSSCHAERT D , SALLES D, 2014.Towards global voluntary standards: questioning the effectiveness in attaining conservation goals: the case of the Roundtable on Sustainable Palm Oil (RSPO) [J] .Ecological Economics, 107: 438-446.